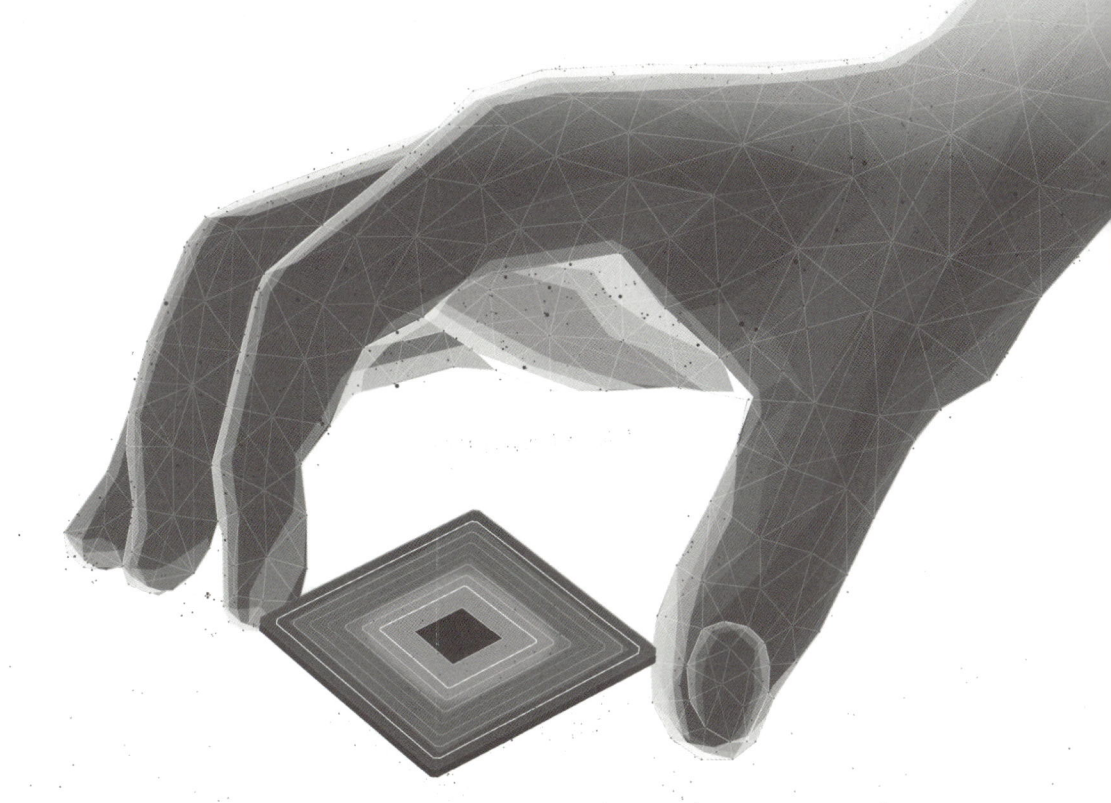

100張圖搞懂
半導體產業鏈

Semiconductor Industry Chain

李洵穎、柴煥欣 | 著

撰寫本書之際,正值全球三大電腦展之一的台北國際電腦展（COMPUTEX 2024）開展期間。當時包括輝達（NVIDIA）執行長黃仁勳、超微（AMD）執行長蘇姿丰、英特爾（Intel）執行長季辛格和高通（Qualcomm）總裁暨執行長艾蒙等九大科技巨頭齊聚台灣,掀起旋風。那一周,大家都在談論 AI,目光都聚焦在 AI 相關主題上。

為什麼要提到 AI？和半導體又有什麼關係？隨著 AI 時代來臨,科技產業的發展趨勢無疑將以 AI 為重心,現在是台灣發展 AI 的關鍵時刻。台灣擁有完善的半導體產業生態系,而半導體產業正是 AI 產業基石。套用蘇姿丰在 COMPUTEX 時說的話:「台灣是全球在談到 CoWoS 先進封裝時,唯一每個人都能了解 CoWoS 是什麼的地方。」這句話突顯了半導體業在台灣的重要性。半導體為台灣的顯學,身為台灣的一份子不能不懂一點半導體。

什麼是半導體？在這裡先出賣一位電子業董事長的一段小故事。他自大學機械系畢業後去一家半導體廠面試,主考官問他:「你知道什麼是半導體嗎？」這位非本科系畢業的董事長懵懂瞎回:「就是一半導電、一半不導電。」就這樣,他誤打誤撞地被公司錄取了。

確實沒錯,半導體的導電性介於導體和非導體之間的元素和化合物,如矽、鍺、砷化鎵、氮化鎵等。因為這種要導不導的特性,給了人們控制它的能力,進而發展出不同的應用。

半導體依產品可概分為三大類,包括二極體、電晶體、整流器等分離式半導體,發光二極體、太陽能等光電半導體,以及積體電路。半導體是一個很複雜的產業,因此本書內容將著重於與大家息息相關的積體電路,也就是我們常稱的「IC」。

半導體在台灣發展已經超過五十年，從一個沒有技術、沒有資源的小島，打造出令全球驚豔的矽島。半導體儼然成為我們的護國神山，重要性不言而喻。在半導體幾乎成為全民運動的同時，筆者希望以淺顯易懂的文字、搭配圖表的方式，讓初次接觸半導體的讀者能夠對半導體有一個概括的認識。每一篇章先從解釋技術的入門等級開始，逐漸進入到產業鏈等實務面，最後會再提及新技術或新趨勢。透過循序漸進的方式，逐一掌握半導體各次領域的知識不漏拍。只要多一個人能理解什麼是半導體，那麼本書的目的就已達到了。

李洵穎

作者序

2019 年，美中晶片戰爭（Chip War）正式開打，除在美國號召下，包括台、日、韓等國對中國大陸進行圍堵外，許多國家更將發展半導體產業視為國家戰略層級政策方針，並將相關先進製程產能視為兵家必爭之地，半導體產業已然躍居為世界新顯學。

2023 年下半年起，全球掀起一波人工智慧（Artificial Intelligence；AI）浪潮，不僅 AI 晶片炙手可熱、全球 AI 晶片領導廠商輝達（NVIDIA）執行長黃仁勳成為產業風雲人物，包括輝達、台積電（TSMC）等 AI 相關半導體大廠也在這波 AI 浪潮推動下股價頻創歷史新高，不少世界級產業研究機構更預測，這波人工智慧浪潮將創造至少未來 10 年龐大商機。

以上兩件世界級大事明確告訴我們：想要透析世界大勢，想要掌握人工智慧未來商機，你都必須要懂半導體產業。

台灣不僅擁有全球最大晶圓代工廠台積電，更擁有非常完整且具競爭力的半導體產業鏈，從上游 IC 設計，中游晶圓代工，到下游 IC 封裝測試，一應俱全，其中不乏如聯發科（MediaTek）及日月光（ASE）等世界級半導體大廠。根據 IEK 統計，2023 年台灣來自半導體產值高達新台幣 4.3 兆元，佔全球半導體市場規模超過四分之一，其重要性不言而喻。換言之，要了解台灣競爭力及商機所在，你也必須要懂半導體產業。

本書除先將全球半導體產業發展進行概括性介紹外，也將針對 IC 設計、晶圓代工、IC 封裝測試等半導體產業鏈逐一介紹。其中也包括各產業鏈市場現況、主要領導廠商，甚至技術發展等面向進行介紹，讓讀者在閱覽半導體相關訊息或新聞時可以快速進入狀況，不再卡卡。

此外，本書也針對目前影響全球半導體產業發展的兩件大事，即「美中晶片戰爭」及「人工智慧崛起」設置專章進行介紹與分析，目的就是希望能讓讀者掌握未來世界脈動及商機。要完整掌握全球半導體產業市場動脈，中國大陸絕對是不可或缺的一塊拼圖，本書也會將中國大陸半導體產業發展設置專章介紹，也是希望讓讀者透過本書能對中國大陸半導體產業現況能有正確認知，這正是所謂「知己知彼，百戰不殆」。

　總之，本書將以最平易近人、白話的方式，帶領你進入半導體產業世界，無論你是學生、家庭主婦、一般上班族、投資人，甚至是具理工科背景的工程師，本書都適合你，就讓我們用最輕鬆愉悅的心情來認識半導體產業吧！

柴煥欣

P.02 ／作者序

Chap 01 導論─讓我們聊聊半導體產業吧！

01 半導體是什麼？ 14
02 認識半導體產業鏈 16
03 蝦米？！半導體產業鏈如同拍婚紗照！ 18
04 半導體產業鏈及主要廠商介紹 20
05 全球經濟與半導體產業景氣變化關聯 22
06 從全球半導體大廠排名變化看產業趨勢 24
07 認識全球主要 IDM 26
08 台灣 IC 產業地位如何呢？ 28
09 台灣半導體產業鏈成熟而完整 30

Chap 02 半導體產業的產品設計師─認識 IC 設計

10 IC 是怎麼設計的？和蓋房子一樣？（上） 34
11 IC 是怎麼設計的？和蓋房子一樣？（下） 36
12 認識五花八門的晶片 38
13 IC 也有智財權 40
14 智財權怎麼賺？ 42
15 IC 設計服務在做什麼？ 44
16 EDA 寡占產業的三巨頭 46

17 從全球前 10 大 IC 設計公司排名變化看產業趨勢	48
18 智慧型手機重要推手：認識高通與聯發科	50
19 台灣 IC 設計產業在全球地位	52

Chap 03　不止是 IC 製造工廠—認識晶圓代工

20 晶圓代工到底在做什麼？	56
21 摩爾定律是什麼？	58
22 More Moore：先進製程持續推進	60
23 2023 年全球前五大晶圓代工廠簡介	62
24 資本支出意義為何？	64
25 如何觀察產能利用率？	66
26 從 2D 到 3D：電晶體技術演進	68
27 進入 2 奈米時代的關鍵技術：晶背供電	70
28 得先進製程得天下？	72
29 台積電有形無形的王者策略	74
30 英特爾的 IDM 2.0 戰略	76
31 何謂 Foundry 2.0？	78

Chap 04　超越摩爾定律的重要推手—認識 IC 封裝

32 IC 封裝測試在做什麼？　82
33 從短小輕薄到異質整合—IC 封裝技術演進　84
34 從傳統封裝到先進封裝（一）：導線架封裝　86
35 從傳統封裝到先進封裝（二）：IC 載板封裝　88
36 從傳統封裝到先進封裝（三）：系統單晶片　90
37 從傳統封裝到先進封裝（四）：系統級封裝　92
38 從傳統封裝到先進封裝（五）：矽穿孔 3D IC　94
39 系統單晶片、系統級封裝、矽穿孔 3D IC 比較　96
40 人工智慧的重要推手：CoWoS　98
41 台積電吃蘋果的重要技術：InFO　100
42 CoWoS 終極進化版：SoW　102
43 通往異質整合 3D IC 的第一手棋：SoIC　104
44 挑戰 CoWoS，英特爾推出 EMIB 平台　106
45 人工智慧需求殷切，FOPLP 異軍突起　108
46 認識三星異質整合封裝技術　110
47 IC 異質整合先進封裝種類與定義　112

Chap 05　受景氣循環影響的寡占產業—記憶體

48 淺談記憶體　　　　　　　　　　　　　　　　　116
49 RAM、ROM 傻傻分不清楚～談記憶體分類　　　118
50 快閃記憶體會「閃」嗎？再談記憶體分類　　　120
51 記憶體的產業循環　　　　　　　　　　　　　122
52 記憶體的產業結構　　　　　　　　　　　　　124
53 全球主要記憶體廠商排名　　　　　　　　　　126
54 台灣記憶體產業鏈　　　　　　　　　　　　　128
55 隨 AI 竄起的 HBM —買愈多、省愈多？　　　　130
56 記憶體更迭：次世代記憶體興起　　　　　　　132

Chap 06　從現在到未來的關鍵議題—人工智慧與半導體

57 認識人工智慧產業鏈　　　　　　　　　　　　136
58 HPC 與 IoT 為 IC 製造於 AI 領域重要平台　　　138
59 面對人工智慧，IC 製造的挑戰　　　　　　　　140
60 人工智慧讓先進製程競爭加劇　　　　　　　　142
61 要了解 AI 晶片，得先知道 xPU　　　　　　　　144
62 AI 晶片主戰場：人工智慧伺服器核心運算晶片市場　146
63 AI 晶片新戰場：AI PC 與 AI 智慧型手機晶片　　148

64 人工智慧重要推手～認識高頻寬記憶體	150
65 主要 IC 製造大廠在 IC 封裝技術布局	152
66 次世代人工智慧解決方案	154
67 InFO 加 SoIC，打造 AI 終端產品異質整合方案	156
68 提升 AI 傳輸速度的重要引擎：矽光子	158

Chap 07　地緣政治與美中晶片戰對半導體產業的衝擊

69 美中晶片戰爭的遠因與近因	162
70 從矽盾到晶片戰爭	164
71 力挽狂瀾，美國重返半導體霸權策略	166
72 糖果？毒藥？美國通過《晶片與科學法案》	168
73 歐盟《晶片法案》生效	170
74 重返半導體霸權，日本公布《半導體產業緊急強化方案》	172
75 打造超級半導體聚落，南韓推動《半導體支援計畫》	174
76 地緣政治加速台積電全球布局	176
77 出口管制，圍堵中國半導體產業發展成效有限	178

Contents ／目錄

Chap 08　政策導向　認識中國大陸半導體產業發展

78 中國大陸半導體產業起飛　　182
79 十五至十一五，中國大陸扶植半導體產業發展
　　相關政策　　184
80 十二五規畫期間，中國大陸半導體產業發展目標　　186
81 大陸半導體企業租稅政策優惠比較　　188
82 推動半導體產業發展重要推手：大基金　　190
83 再接再厲！大陸政府推出大基金二期與三期　　192
84 十三五規畫期間，大陸政府對半導體產業政策支持　　194
85 《國家半導體產業發展推進綱要》政策目標與支持　　196
86 十四五規畫打造自主科技　　198
87 《中國製造 2025》半導體產業政策目標與支持　　200
88 美中晶片戰圍堵，中國大陸 IC 產業遇亂流　　202

Chap 09　結語～掌握未來商機，就要搞懂半導體產業

89 IC 封裝技術演進　　206
90 More Moore & More than Moore，3D×3D
　　為技術發展必然趨勢　　208
91 前段加後段，半導體朝高整合方向發展　　210
92 人工智慧高整合、高效能運算平台　　212
93 中美貿易戰下台灣半導體業者因應策略　　214
94 中國半導體產業發展雖受阻，實力仍不容忽視　　216

Chap.01

導論一
讓我們聊聊半導體產業吧！

作者：柴煥欣

1980 年，個人電腦出現，快速普及，旋即世界邁向第三次工業革命。2000 年網路世代興起，2010 年智慧型手機進入你我生活。2020 年全球掀起人工智慧浪潮，預估第四次工業革命即將來臨，勢必帶來全新商機。全球歷經多次的科技浪潮，大大加深人類對 3C 科技產品依賴，也讓半導體產業地位更加重要。要掌握未來科技趨勢與商機，就必須了解半導體產業。

n　　　d　　　u　　　c　　　t　　　o　　　r

# 半導體是什麼？

開宗明義，我們要先問半導體是什麼？

根據維基百科的解釋，「半導體是一種電導率在絕緣體至導體之間的物質或材料。」簡單的說，水與金屬可以導電，屬於導體；木頭與塑膠無法導電，屬於絕緣體。以矽為主的半導體材料則是透過溫度控制或植入雜質等途徑改變電性，使導電特性可以控制。

半導體領域包山包海，但大致上分為四大元件。第一類為離散元件，包括電阻、電容、電感等皆屬於離散元件，任何電子產品內都會存有離散元件，國內上市公司國巨（Yageo，2327.TW）就是國際級離散元件大廠。

第二類為光電元件，包括液晶面板、太陽能板、LED、OLED 等產品皆屬於該領域，只是光電元件所能創造的產值相當高，多數產業研究機構都會將光電元件從半導體領域獨立出來，成為光電產業。

第三類為感測元件，存在於數位相機、手機相機內的影像感測器（CMOS Image Sensor；CIS）就是感測元件，日商索尼（SONY）就是國際級 CIS 大廠。另外，能夠感測溫度、高度、亮度、角度、氣壓、紅外線的各式不同微機電（Micro Electro Mechanical Systems；MEMS）也屬於感測元件。

第四類為積體電路（Integrated Circuit；IC），IC 依其功能與訊號傳輸方式大致分為四類：記憶體（Memory）、微元件（Micro Component IC）、邏輯 IC（Logic IC）、類比 IC（Analog IC）。這四類 IC 的細節，後面章節會再詳述。

IC 無所不在，若要掌握人工智慧、自駕車、量子電腦等未來巨大商機，了解 IC 產業將是關鍵必修金鑰。

台灣擁有完整且具競爭力 IC 產業鏈，包括聯發科（MediaTek，2454.TW）、台積電（TSMC，2330.TW）、聯電（UMC，2303.TW）、日月光控股（ASE，3711.TW）等都是世界級 IC 公司，在台

灣證券市場也佔有相當大的權值。因此,無論為了要洞悉產業趨勢,或是掌握投資先機,本書對半導體產業的討論與介紹,將聚焦於 IC 產業,請各位讀者能夠理解。

圖 1:半導體的領域

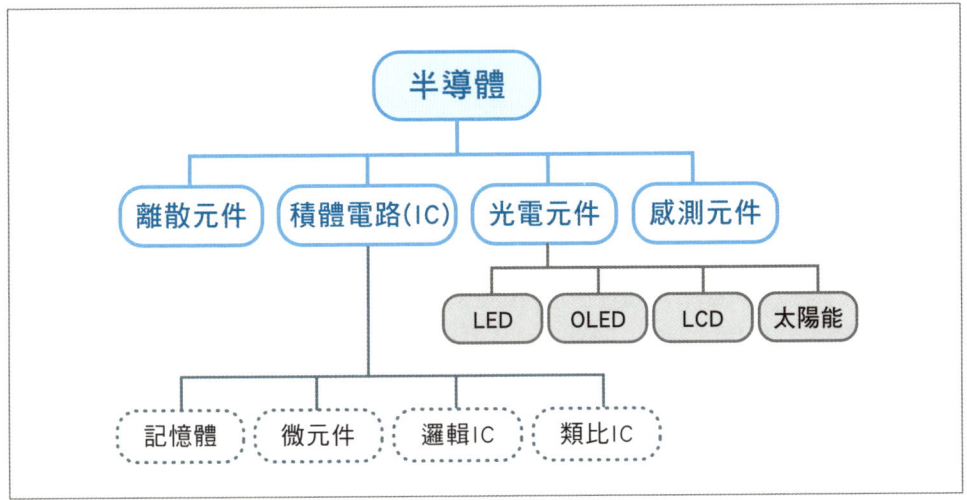

資料來源:銀藏產經研究室,2024 年 7 月

02 認識半導體產業鏈

檢視半導體產業鏈，可區分為上游IC設計業、中游是晶圓代工業，下游則為IC封裝測試業。另外，還有同時擁有IC設計、晶圓代工、IC封裝測試完整產業鏈的整合元件廠（Integrated Device Manufacturer；IDM）。

位居上游的IC設計業就是透過電路設計相關流程，以開發出符合自家或客戶所要求規格與功能的IC產品的行業。隨著高整合趨勢，單顆晶片寫入多種不同電路並加以整合，但IC設計公司並不會擁有所有的電路，為節省產品開發時間與成本，IC設計公司不自行設計每個電路細節，而會透過矽智財公司授權獲得自家公司所欠缺的矽智財（Semiconductor Intellectual Property；IP）電路放入自己晶片電路中，以取得相關功能。

當IC設計公司將電路圖設計完成後，就將該電路圖送至光罩製作相關單位，將電路圖印在光罩上，再將該光罩移至晶圓代工廠相關設備內，透過氧化、擴散、化學氣相沈積（CVD）、蝕刻、離子植入等化學流程，將光罩上的電路成形在矽晶圓之上，製作出多顆且完整的積體電路。

接著，將晶圓代工廠製作完成的晶圓送至IC封測廠，將晶圓切割成為一顆顆的晶片（Chip）後，再將晶片放置固定於導線架或IC載板之上，透過金屬打線步驟將晶片與導線架或IC載板加以連結，最後再以塑膠、陶瓷或金屬等材料進行封裝，製作出最終的IC產品。製作完成的IC在出廠前，還要將每顆IC進行測試，確保IC產品是否正確無瑕疵。經過測試沒有任何問題後，該IC產品即可出貨至IC設計公司或相關IC通路業者。以上就是簡易而完整的IC產業鏈製作流程。

圖 2：半導體產業鏈簡介

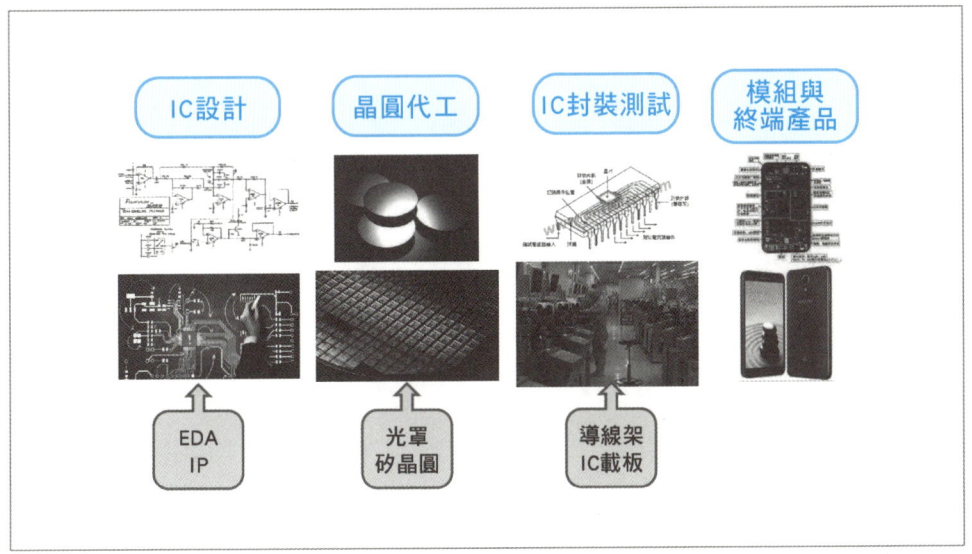

資料來源：銀藏產經研究室，**2024** 年 **7** 月

蝦米？！半導體產業鏈如同拍婚紗照！

我們已在前面章節提到半導體上中下游各在做些什麼事，讀者應有了初步的認識，而在本章節以拍婚紗來進行比喻，希望讓讀者對半導體產業鏈有更明確的理解。

IC設計業的工作就是將電路圖設計出來，所扮演的角色與拍婚紗的創意總監及攝影師相同，就是將婚紗照畫面設計好，並拍攝出來。

IC設計工程師所使用的電子設計自動化（Electronic Design Automation；EDA）工具所扮演的角色則是婚紗創意總監所使用的電腦構圖軟體及照相機。拍婚紗過程中，為了婚紗照更加完美且符合新婚主題，新人拍婚紗照當然要穿婚紗或禮服拍照，甚至會戴上首飾配件讓婚紗照更添色彩，但新人通常不會自己準備婚紗禮服、首飾配件，而會向相關業者租借，IP業者則如同拍婚紗時的禮服與配件出租業者。

婚紗照拍攝完成後，就要將底片送到照片沖印店洗出來，而婚紗照底片中的影像則是在婚紗沖印店的暗房中透過化學方法投映在相紙上，最後變成一張張的婚紗照。對應半導體產業鏈，婚紗照的底片就如同光罩，照片沖印店就是晶圓代工廠，至於相紙則如同矽晶圓。

沖印完成的婚紗照會先經過裁切成為一張張的相片，再將這些相片裝入相框或相簿之中，最後透過精美的包裝交付至新人手中，整個拍婚紗照流程就此結束。而上述過程正是IC封測廠的工作，將製作完成的晶圓裁切成一顆顆晶片，再將晶片放在導線架或IC載板上，再加以封裝成為IC，導線架與IC載板正是扮演婚紗照的相框與相簿的角色。

至於同時擁有IC設計、晶圓代工、IC封測的IDM，就如同包套式服務的婚紗照拍攝店，從拍婚紗、提供禮服及配件、婚紗照沖印，及婚紗相簿包裝，提供一站式到位服務。

圖 3：半導體產業鏈如同拍婚紗

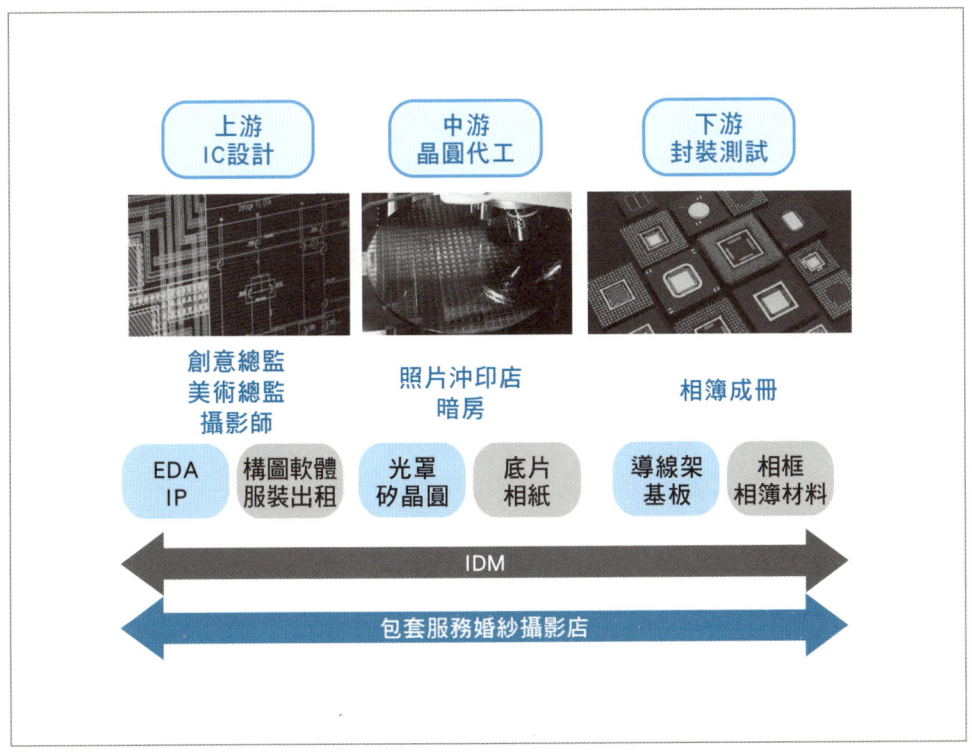

資料來源：銀藏產經研究室，2024 年 7 月

04 半導體產業鏈及主要廠商介紹

全球主要 IC 設計業者有應用於智慧型手機的應用處理器（AP）的高通（Qualcomm）與聯發科（MediaTek，2454.TW），應用於電腦運算的中央處理器（CPU）IC 設計大廠超微（AMD），及全球最大繪圖處理器（GPU）IC 設計大廠，同時也是人工智慧伺服器晶片王者的輝達（NVIDIA）。以上都是全球重要 IC 設計大廠。

IC 設計公司會透過取得矽智財（IP）授權及使用電子設計自動化（EDA）工具來節省產品開發時間與成本，IP 與 EDA 是 IC 設計的重要上游產業。全球最大 IP 公司為安謀（ARM），台灣也有記憶體 IP 大廠力旺（eMemory，3527.TW）。全球前三大 EDA 廠商為新思科技（Synopsys）、益華電腦（Cadence）及西門子（Siemens）。

位於半導體產業鏈中游晶圓代工的主要業者除台積電（TSMC，2330.TW）、聯電（UMC，2303.TW）外，台系廠商還有力積電（PSMC，6770.TW）及世界先進（Vanguard，5347.TWO）；美系廠商有由阿布達比主權基金所投資的格羅方德（GlobalFoundries）；中國大陸則以中芯國際（SMIC）、華虹宏力（HHGrace）為代表。

在 IC 製造晶圓代工過程中所要使用重要材料包括矽晶圓及光罩。其中，全球矽晶圓主要前二大供應商為日系的信越化學（Shin-Etsu）與勝高（Sumco），排名第三的則是台廠環球晶圓（GWC，6488.TWO）。光罩供應商多為晶圓代工廠內的部門，全球最大光罩供應商為台積電，另外還有台灣光罩（Taiwan Mask Corporation，2338.TW）。

位於半導體產業鏈下游 IC 封測主要業者除全球最大廠日月光投控（ASE，3711.TW）外，美系大廠艾克爾（Amkor）及中國大陸的江蘇長電排在其後；台灣還有專業記憶體封裝大廠力成（PTI，6239.TW）。另外，IC 封裝重要材料包括導線架與載板，其中，全球 IC 導

線架前五大廠分別為日本的三井高科技（Mitsui High-tec）和新光電氣（Shinko）、台灣的長華科技（CWTC，6548.TWO）、韓國的 HDS 和中國大陸的 AAMI。至於全球載板市場，台灣是最大的載板供應者，其次是日本和韓國，前五大載板廠商分別是台灣的欣興（Unimicron，3037.TW）、韓國的 SEMCO、日本的揖斐電（Ibiden）、奧地利的 AT&S 和台灣的南電（Nan Ya PCB，8046.TW）。

全球主要 IDM 廠商都是世界半導體大廠，包括美系的英特爾（Intel）及德州儀器（TI）、南韓的三星電子（Samsung Electronics）、歐系大廠恩智浦（NXP）及意法半導體（STMicroelectronics），以及日系大廠瑞薩電子（Renesas）。

表 4：半導體產業鏈及主要廠商

產業	廠商
上游：IC 設計	Qualcomm、NVIDIA、AMD、聯發科
EDA	Synopsys、Cadence、Siemens
IP	ARM、力旺
中游：晶圓代工	台積電、聯電、GlobalFoundries、SMIC
光罩	台積電、台灣光罩
矽晶圓	Shin-Etsu、Sumco、環球晶圓
下游：IC 封裝測試	日月光、Amkor、江蘇長電、矽品、力成
導線架	Mitsui High-tec、Shinko、長科
IC 載板	欣興、SEMCO、Ibiden、AT&S、南電
IDM	Intel、TI、Renesas、Samsung、NXP、STM、Infineon

資料來源：銀藏產經研究室，**2024 年 7 月**

05 全球經濟與半導體產業景氣變化關聯

過去半個世紀全球歷經一波又一波的科技浪潮洗禮，大大加深人類對3C科技產品依賴，不僅讓半導體產業地位越發重要，也使得半導體產業景氣與全球經濟表現關聯性日益緊密。

從2005到2024年全球經濟成長率與半導體產業產值年成長率表現進行比較，我們不難發現：一、與全球龐大經濟體相較，半導體產業僅是其中之一的產業，風險係數較高，產值年成長率波動幅度大於全球經濟成長率波動幅度。二、半導體產業產值年成長率表現方向與全球經濟年成長率方向雖非亦步亦趨，但呈現高度正相關。

值得注意的是，半導體產業景氣很少出現連續兩年衰退的情形，2005到2024年間，也就只有2008到2009年半導體產業景氣出現連續兩年衰退。如果當年度半導體產業景氣出現超過10%以上衰退幅度，通常之後會出現強勁反彈或回升。

2009年半導體產業景氣衰退10%，到了2010年即出現34%強勁成長。2019年半導體產業出現12.1%衰退，但全球經濟成長率還能維持2.8%的成長，到了2020年，半導體產業景氣卻有6.8%的成長率，全球經濟成長率反而出現3.1%衰退。2021年半導體產業景氣進一步出現26.2%大幅成長，全球經濟成長率則約6.2%。到了2023年半導體產業景氣出現10.1%衰退，預估2024年產業景氣應能出現13.6%回升。

由此可看出，半導體產業產值年成長率與全球經濟景氣成長率表現通常呈現同步同向，一旦出現反向表現，半導體產業景氣通常具有領先指標功能。

圖 5：2005~2024 全球經濟成長率與半導體產值年成長率比較

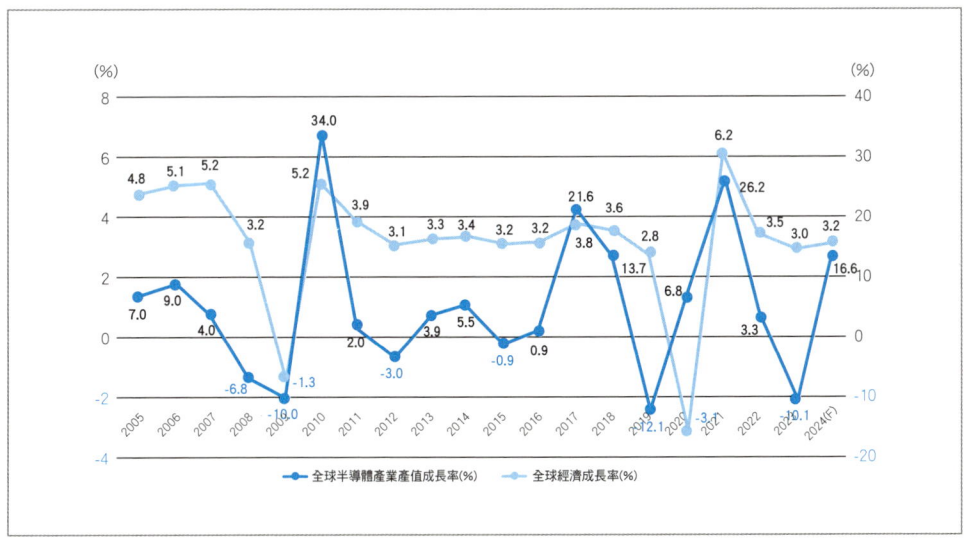

資料來源：IMF、WSTS、銀藏產經研究室整理，2024 年 7 月

從全球半導體大廠排名變化看產業趨勢

從 2011 到 2023 年全球半導體大廠排名變化觀察半導體產業趨勢，前三名多是由英特爾（Intel）、三星電子（Samsung Electronics）、台積電（TSMC，2330.TW）等大廠包辦，名次也鮮少改變，主因在於營收規模存在差距。

只是自 2017 年以來，在韓系大廠積極擴充產能策略奏效，加上記憶體市況好轉，三星電子與英特爾排名時有互換，顯示英特爾王者地位受到挑戰。此外，台積電與 SK 海力士（SK hynix）名次也偶有互換。

2023 年全球半導體大廠排名出現顯著性變化，第一名由台積電拿下，英特爾、輝達（NVIDIA）、三星電子分別排二至四名。對半導體產業而言，2023 年並不是一個好年，在客戶端持續打銷庫存，加上終端需求疲弱，半導體大廠營收多數衰退，即使台積電在擁有先進製程技術與產能優勢情況下，年度營收仍出現 9％ 的衰退，英特爾與三星電子的營收則分別出現 16％、37％ 大幅衰退，導致營收排名被台積電超越。

值得關注的是，原本連前七名都排不進的輝達，在人工智慧伺服器晶片需求強勁推升的情況下，2023 年營收出現 102％ 大幅成長，這也讓輝達排名能夠擠下三星電子與高通（Qualcomm）等大廠，排名躍升至第三名，顯示人工智慧將可能成為帶動全球半導體產業景氣成長的重要動能。

另外，2011 年全球前 15 大半導體廠商營收排名中還有東芝（Toshiba）、瑞薩（Renesas）、索尼（SONY）、富士通（Fujitsu）等日系大廠。但到了 2023 年，擠入前 15 大日系廠商數量歸零，顯示日本半導體產業競爭力的確出現長期結構性問題。

2011 年球前 15 大半導體廠商營收排名中 IC 設計與系統廠商僅高通、博通（Broadcom）、超微（AMD）等三家廠商上榜，且全數都是美系廠商。到了 2023 年進入 15 大的 IC 設計與系統廠商的數量已增加

至六家，其中包括聯發科，其他五家皆是美系廠商，說明未來 IC 設計在半導體產業地位會日益重要，美國在 IC 設計領域仍坐擁霸權地位。

表 6：2011~2023 全球前 15 大半導體廠商營收排名

單位:百萬美元

排名	2011 公司	營收	2015 公司	營收	2020 公司	營收	2023 公司	營收
1	Intel	49,697	Intel	50,305	Intel	73,894	TSMC	68,852
2	Samsung	33,483	Samsung	41,616	Samsung	56,899	Intel	51,401
3	TSMC	14,600	TSMC	26,562	TSMC	45,420	Nvidia	49,565
4	TI	12,900	SK Hynix	16,917	SK Hynix	25,499	Samsung	48,304
5	Toshiba	12,475	Qualcomm	15,632	Micron	21,659	Qualcomm	30,483
6	Renesas	10,653	Micron	14,816	Qualcomm	19,374	Broadcom	27,993
7	Qualcomm	9,910	TI	12,112	Broadcom	17,066	SK Hynix	23,922
8	ST	9,631	Toshiba	9,734	Nvidia	15,884	AMD	22,612
9	SK Hynix	9,403	Renesas	8,421	TI	13,088	Infineon	17,384
10	Micron	8,571	Avago	6,961	Infineon	11,069	ST	17,261
11	Broadcom	7,180	Infineon	6,898	Mediatek	10,781	TI	16,671
12	AMD	6,568	ST	6,840	Kioxia	10,720	APPLE	16,414
13	Infineon	5,599	Mediatek	6,504	APPLE	10,040	Micron	16,200
14	Sony	5,372	Sony	5,885	ST	9,952	Mediatek	13,709
15	Fujitsu	4,430	NXP	5,790	AMD	9,519	NXP	13,042

資料來源：IC Insights，銀藏產經研究室整理，2024 年 7 月

07 認識全球主要 IDM

如前章節所述，雖然 IC 設計在半導體產業鏈日趨重要，但全球主要 IDM 在半導體產業仍居於重要地位，2023 年前 15 大半導體廠商排行中，IDM 就佔有六家廠商，其中也包括英特爾（Intel）及三星電子（Samsung Electronics）等超級大廠。但如果將該排行榜名單擴大到前 20 名來觀察，IDM 佔有 10 家，包括第 16 名至第 19 名的亞諾德（Analog Devices）、索尼（SONY）、瑞薩（Renesas）、微晶片科技（Microchip）。

如果從產品線觀察，只有英特爾與三星電子以核心運算晶片為主的邏輯晶片為重點產品線，也只有這二家廠商擁有與台積電相抗衡的先進製程技術。至於其他 IDM 全數以特殊工藝（Specialty Technology）平台相關晶片為主要產品線，IC 製造的製程技術水準最多僅達到 28 奈米製程。

英特爾為全球最大 CPU 供應商，2015 年購併美系 IC 設計公司 Altera 後，讓現場可程式化邏輯閘陣列（Field Programmable Gate Array；FPGA）成為英特爾另一項重要產品線。另外，近年隨人工智慧市場興起，英特爾也在人工智慧加速器及 CPU 都有布局，終端產品市場從人工智慧伺服器至 AI PC 都有英特爾的相關產品。

三星電子除是全球包括 DRAM、NAND Flash 等記憶體晶片最大供應商外，邏輯晶片則以智慧型手機核心運算晶片 AP 為主要產品，主要搭載於三星電子自家智慧型手機。三星如 CMOS 影像感測器（CMOS Image Sensor；CIS）、驅動 IC（Driver IC）、微控制器（Microcontroller Unit；MCU）等產品，則是提供給自家智慧型手機、面板、電視、數位相機等終端產品。

美系 IDM 德儀（TI）為全球最大電源管理 IC（Power Management IC；PMIC）供應商，也是全球第一家用 12 吋晶圓生產 PMIC 的半導體廠商，在 PMIC 領域具有技術領先與成本競爭力的半導體廠商。另外，日系 IDM 索尼則是全球最大 CIS 供應商，除擁有自家晶圓廠生產晶片外，也與台積電合作研發與生產次世代 CIS 晶片。

表7：全球主要 IDM 一覽

公司	國別	營收(百萬美元) 2023	2022	YoY(%)	主要產品
intel	美國	68,852	75,851	-16	CPU、FPGA、AI 加速器
Texas Instruments	美國	16,671	18,993	-12	PMIC、Analog IC、DLP、DSP
SAMSUNG	韓國	48,304	73,002	-37	AP、DRAM、NAND Flash、Sensor、Driver IC、MCU、CIS
RENESAS	日本	10,509	11,318	-7	MCU、FPGA、Analog IC、RF、Bluetooth & Wi-Fi
ST	瑞士	17,261	16,102	7	MEMS、CIS、Analog IC、PMIC、Smart Card、ADAS & radar
NXP	荷蘭	13,042	12,954	1	MCU、RF、RFID/NFC、PMIC、Sensor、Wireless Connectivity
infineon	德國	17,382	15,776	10	PMIC、LED Driver、IGBT、汽車電子、RF、Nor Flash、MCU

資料來源：銀藏產經研究室，2024 年 7 月

# 08 台灣 IC 產業地位如何呢？

　　2019 年美中晶片戰爆發以來，美國透過各種機制打壓中國大陸半導體產業發展，許多國家擔心如俄烏戰爭等地緣政治因素發生電子產業鏈斷鏈，因而希望能將 IC 製造先進製程技術與產能留在自己國家內，這不僅讓半導體產業成為一時顯學，也使得台積電（TSMC，2330.TW）成為各國政府兵家必爭之地。

　　事實上，台灣並不是只有台積電，而是整體半導體產業鏈皆具經濟規模與競爭力。檢視 2023 年台灣半導體產業鏈表現，位於上游 IC 設計業產值達 352 億美元，全球市占率達 19％，排名世界第二，僅次於美國。

　　位於中游晶圓代工產業，2023 年產值達 789 億美元，較 2022 年 892 億美元衰退 11.5％，但在台積電擁有先進製程技術領先與產能充足優勢下，全球市占率達 70％，較 2022 年 68.3％持續推進，排名世界第一。

　　位於下游 IC 封裝測試產業，2023 年產值達 187 億美元，全球市占率達 50％，排名世界第一。至於台灣記憶體產業，在產品設計能力與 IC 製造製程技術能力無法與三星電子（Samsung Electronics）、SK 海力士（SK hynix）、美光（Micron）等大廠相抗衡情況下，加上產能擴充策略保守、產品缺乏品牌力等諸多因素影響下，2023 年產值僅達 55 億美元，全球市占率更是持續下滑至低於 5％，落後南韓、美國、日本。

　　加總台灣半導體上中下游產業鏈產值，2023 年台灣半導體產業鏈產值達 1,383 億美元，全球市占率達 26％，全球排名第二，僅落後美國，也就顯示台灣在全球半導體產業具有重要且關鍵的地位。

圖 8：2023 年台灣半導體產業地位

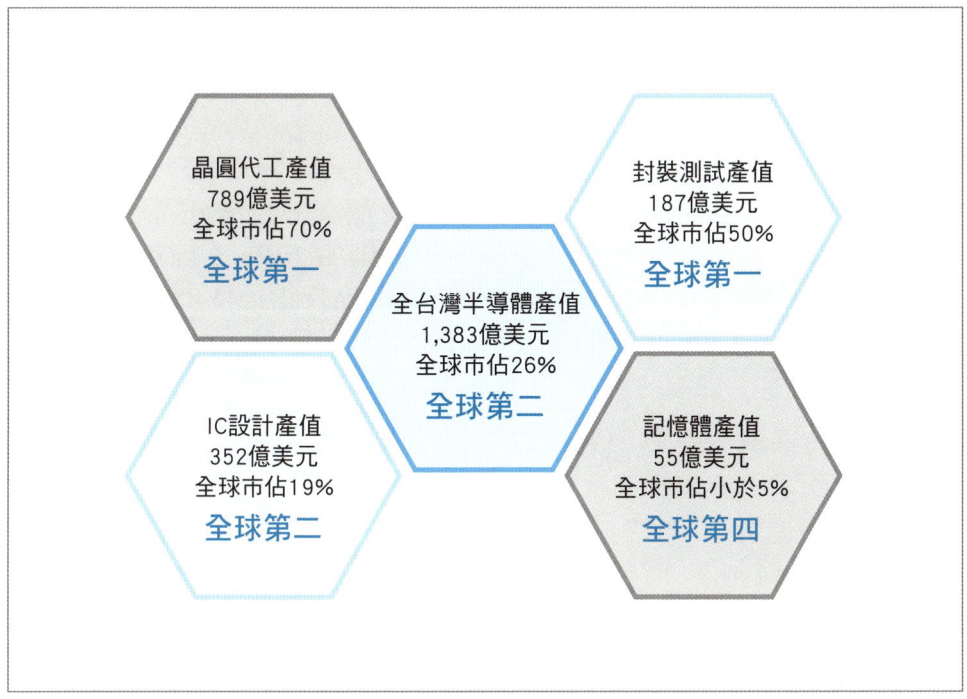

資料來源：銀藏產經研究室，2024 年 7 月

台灣半導體產業鏈成熟而完整

若是對台灣上中下游半導體鏈進一步檢視，台灣 IC 設計產業廠商林立，根據國內研究機構工研院產科國際所（IEK）統計，2023 年台灣 IC 設計業者達 262 家。聯發科（MediaTek，2454.TW）、聯詠（Novatek，3034.TW）、瑞昱（Realtek，2379.TW）不僅是台灣前三大 IC 設計業者，也是全球前 10 大 IC 設計公司排行榜中的常客。

從產品線進一步觀察，聯發科是全球主要智慧型手機核心運算晶片供應商之一，也是全球最大 TV 晶片供應商。另外，聯詠為全球最大顯示器驅動 IC 供應商，群聯（Phison，8299.TWO）為全球重要 NAND Flash 控制 IC 供應商之一。在電源管理 IC 則有致新（GMT，8081.TW）；在消費性電子 IC 領域則有揚智（ALi，3041.TW）、義隆電（ELAN，2458.TW）等公司，顯示台灣在 IC 設計領域產品線多元而完整。

台灣晶圓代工業者除台積電外，尚有聯電（UMC，2303.TW）、力積電（PSMC，6770.TW）與世界先進（Vanguard，5347.TWO）等業者，這四家公司也是常年進入全球前 10 大晶圓代工廠商排行名單之中。同為 IC 製造的記憶體業，南亞科技（Nanya Technology，2408.TW）雖然全球市占率不及 2%，但仍是全球第五大 DRAM 供應商，華邦電子（Winbond，2344.TW）與旺宏電子（Macronix，2337.TW）亦是全球 NOR Flash 前兩大供應商，合計全球市占率接近 50%。

台灣封裝測試業者合計 37 家，其中除日月光投控（ASE，3711.TW）長年穩居全球第一寶座外，力成（PTI，6239.TW）為全球最大專業記憶體封測廠商；京元電子（KYEC，2449.TW）為全球最大專業 IC 測試廠，在 2023 年下半所掀起的 AI 浪潮中，京元電也是主要受惠廠商之一。

此外，台灣在矽智財、IC 設計服務、光罩、矽晶圓、導線架、IC

載板等領域也都有相對應廠商，而且多數也都是世界級企業，台灣半導體產業鏈成熟而完整，這也正是台灣在半導體產業如此具有競爭力的主要原因。

圖 9：台灣半導體產業鏈成熟且完整

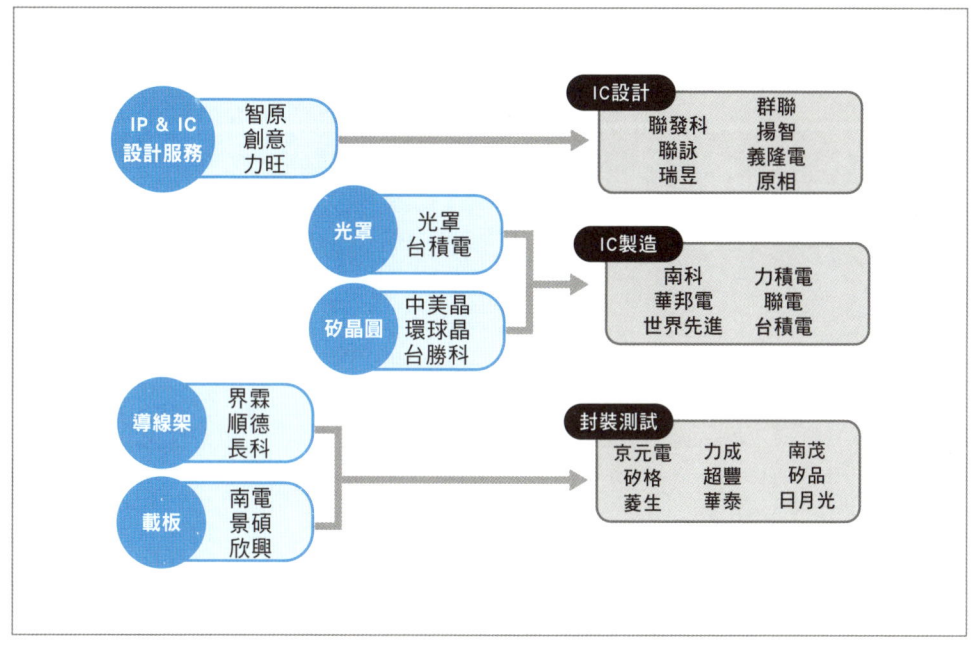

資料來源：銀藏產經研究室，2024 年 7 月

Chap.02

半導體產業的產品設計師—認識 IC 設計

作者：李洵穎

IC 設計業屬於半導體產業鏈的上游產業，指的是本身無晶圓廠（Fab），專注從事 IC 相關設計，並在設計完成後，再交由晶圓代工、封裝以及測試業者代為製造一顆顆完整功能的 IC。就「IC 設計業」字面定義而言，指的是從事 IC 設計的公司，而國外多以「Fabless」或是「Design House」稱呼 IC 設計業。

IC 是怎麼設計的？和蓋房子一樣？（上）

IC 設計業的英文是 Design House，因而常被社群論壇的鄉民戲稱為與英文發音相似的「豬屎屋」。每家 IC 設計公司各有所長，如同繪製房屋設計圖的設計師。本篇就以房屋設計為例來說明 IC 設計流程。

在設計房屋時，屋主和建築師必須溝通先確認好想要興建哪一類的房子，比如大廈、公寓、別墅、透天厝等。

IC 設計也是如此。首先要進行「規格制定」（Specification），先想好要設計什麼樣的 IC，確認功能、速度、介面規格、環境溫度與消耗功率等，把規格開出來。

接著進行 RTL 編碼（RTL code），決定 IC 要有哪些功能。IC 設計工程師會使用硬體描述語言（Hardwar Description Language），將 IC 需要的邏輯以程式明確描述每個區塊的內部功能。

以興建房子為例，RTL 編碼就好比這棟房子要有五層樓、四間臥室、三間浴室、兩處客廳、一個廚房。

當 RTL 編碼完成後，需要進行「Pre-Simulation」，以確認所寫的元件都能實現相對的功能。

仍以興建房子為例，這時要確認的是廚房可以用來煮飯、臥室能夠睡覺、客廳可以接待客人等各項功能。

IC 設計資料庫有很多可以直接拿來使用的標準元件，以實現想要的功能。這時進行「Synthesis」，透過設計資料庫以使用最少的標準元件實現功能，讓 IC 性能愈好為目標。

再以興建房子為例，不必自己設計製作傢俱，直接去傢俱行購買即可，以使用最少的傢俱達到最完備的功能為最佳。

經過 Pre-Simulation 與 Synthesis 無誤後，將撰寫好的 RTL 編碼，搭配電子設計自動化工具（EDA tool），經過電腦輔助設計轉換成相對應的「Gate level Netlist」電路圖。這時候的 IC 還是抽象的標準元件，

擺在哪裡、元件間如何連線等具體資訊都還沒確定。

　　對應到房子設計，這時設計圖裡的沙發、床、廚具等都已備妥，但還不知道要怎麼擺放。在下一章節，我們就要進入將 IC 設計圖具體實現的階段。

圖 10：前段 IC 設計流程

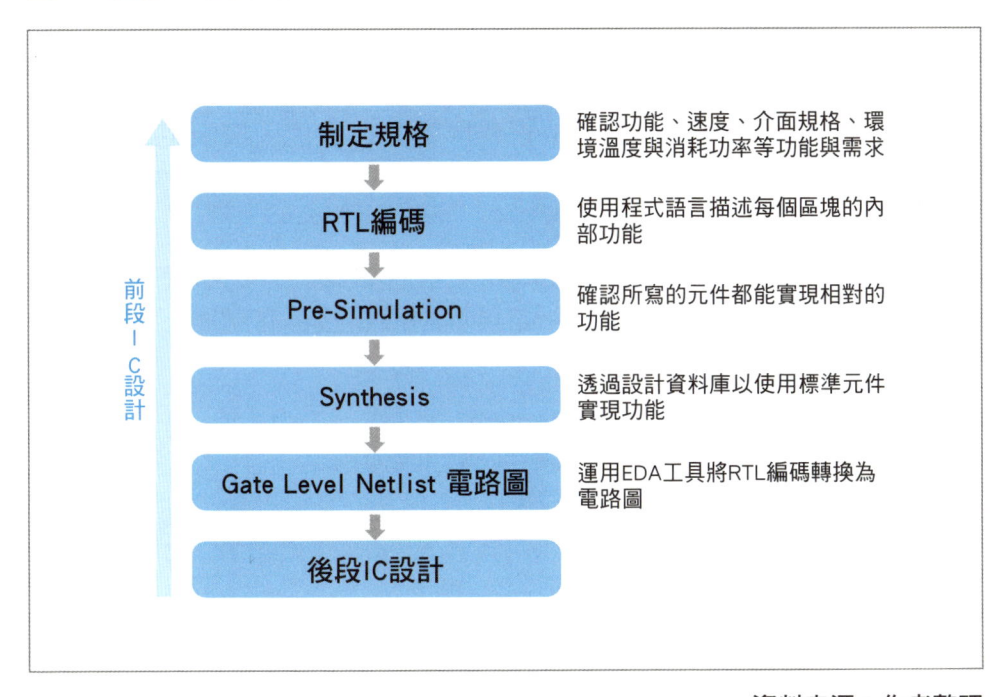

前段 IC 設計流程	說明
制定規格	確認功能、速度、介面規格、環境溫度與消耗功率等功能與需求
RTL編碼	使用程式語言描述每個區塊的內部功能
Pre-Simulation	確認所寫的元件都能實現相對的功能
Synthesis	透過設計資料庫以使用標準元件實現功能
Gate Level Netlist 電路圖	運用EDA工具將RTL編碼轉換為電路圖
後段IC設計	

資料來源：作者整理

11　IC 是怎麼設計的？和蓋房子一樣？（下）

在上一章節，前段 IC 設計流程大多以模擬方式確認後段的產出和原先的設計是否相符。本章節接著來看看後半段的 IC 設計流程。

後半段的第一步驟是進行「Placement」，確定標準元件在晶片上的具體位置。由於元件的擺放位置會影響晶片性能，搭配電子設計自動化工具（EDA tool）將各個功能單元安排在最好的位置，以達到最高效能。

以興建透天厝為例，如果把廁所設計在頂樓，那每次使用都要爬到頂樓，顯然不是很好的安排；如果規劃每層樓都有廁所，應該比較合理。

Placement 結束後是進入「Routing」步驟，決定標準元件在晶片中的連線，使用金屬導線連接起來形成實際的連線。

對應興建透天厝的例子，這時決定瓦斯管、網路線、電源線怎麼拉等。

接下來就是「Layout」，這時一份具體詳細的 IC 設計圖就完成，所有元件的位置、佈線的方向位置等非常清楚。然後進行「Post-Simulation」和「Verification」，驗證這張 IC 設計圖真的能實現晶片功能。

完成最終驗證後，就可以將最終的設計圖送進光罩廠製作光罩，稱為「Tape-out」。這是 IC 設計過程的最後階段，也是 IC 送出製造之前的最後一站。

一棟建築物從無到有，必須先確認需求，進而產生設計圖，接著開工營造、室內裝修，最後完工交屋及驗收。IC 設計流程也是如此，IC 設計公司把晶片設計好後，找代工廠把晶片製造出來，進行銷售。

在此舉實例說明，手機晶片大廠聯發科技（MediaTek，2454.TW）

設計好晶片電路，並將之命名為「天璣」或是「Helio」，便交由台積電（TSMC，2330.TW）進行晶圓製造，及日月光（ASE，3711.TW）進行晶片封裝與測試。待成品完工後，再送回聯發科銷售，和三星（Samsung Electronics）、小米和 Vivo 等手機廠商洽談新一代的手機機種，決定哪些機型要使用天璣或 Helio 晶片。最後消費者手上拿到的便是搭載天璣 9300 晶片的 Vivo X100 手機，以及搭載 Helio G85 處理器的 OPPO A38 手機。

圖 11：完整 IC 設計流程圖

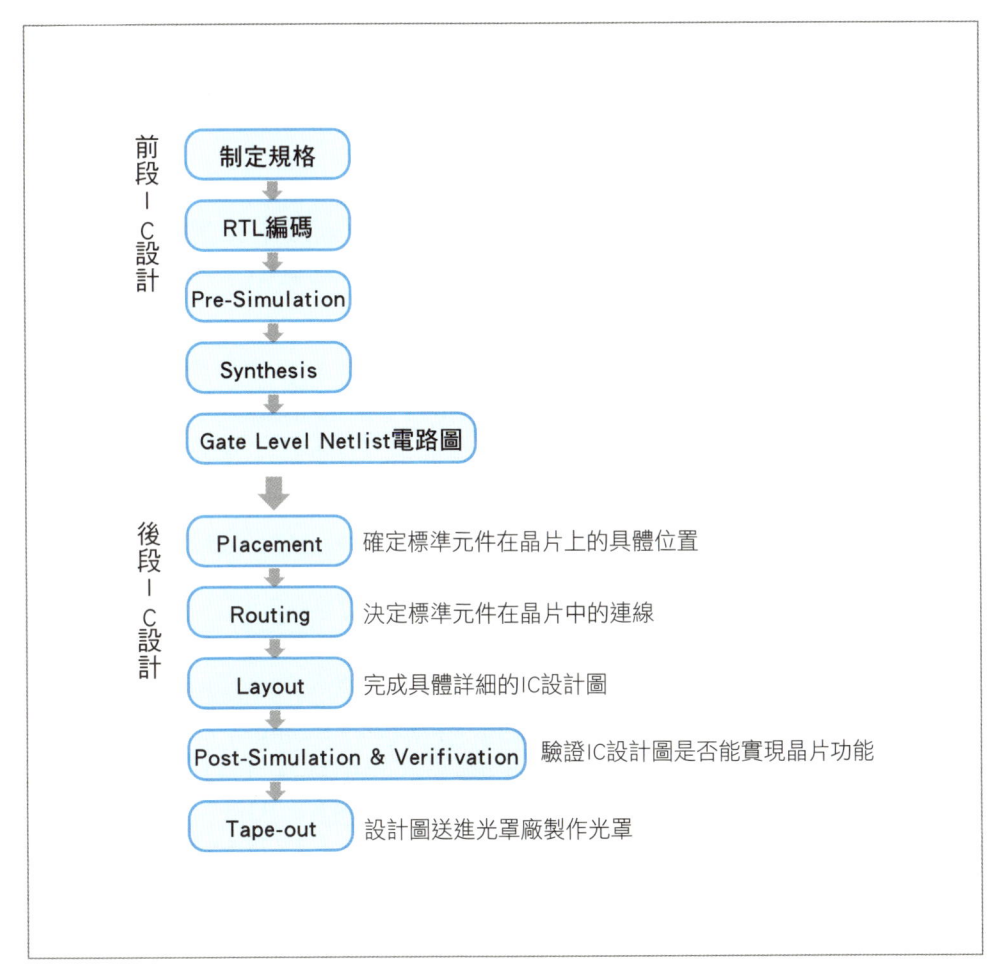

前段 IC 設計：
- 制定規格
- RTL編碼
- Pre-Simulation
- Synthesis
- Gate Level Netlist 電路圖

後段 IC 設計：
- Placement：確定標準元件在晶片上的具體位置
- Routing：決定標準元件在晶片中的連線
- Layout：完成具體詳細的IC設計圖
- Post-Simulation & Verifivation：驗證IC設計圖是否能實現晶片功能
- Tape-out：設計圖送進光罩廠製作光罩

資料來源：作者整理

12 認識五花八門的晶片

半導體晶片五花八門，各自特性差異大，可簡單區分為類比 IC 與數位 IC 等兩大類。每種 IC 都有不同的特性和功能，適用於不同的產品裝置。

類比 IC 處理連續性類比訊號，這類的訊號通常是光、熱、速度、壓力、溫度、聲音等自然現象，其主要產品包括電源管理 IC、功率放大器、影音相關 IC 等。相對於邏輯 IC，類比 IC 較像是輔助系統的角色，穩定性十分重要，產品認證期比較長。正因如此，一旦類比 IC 打進市場或應用後，通常不易更換。

類比 IC 的代表廠商有德州儀器（TI）、意法半導體（STMicroelectronics）、英飛凌（Infineon）等。其中德儀為全球類比 IC 龍頭大廠；而過去曾為台灣最大類比 IC 廠—立錡電子（Richtek），後來由聯發科技（MediaTek，2454.TW）收購。

而數位 IC 也可稱為邏輯 IC，主要處理 0 與 1 的非連續性訊號，諸如中央處理器（CPU）、微控制器（MCU）、繪圖處理器（GPU）、數位訊號處理器（DSP）、通訊 IC、網通 IC 等都是。依照產品特性，邏輯 IC 可以分為標準品和客製品（即特定應用積體電路，ASIC）等兩大類。前者指有標準化規格、大量生產的邏輯 IC；後者是針對「特定的應用」或「特定的客戶」而設計出來的 IC。

邏輯 IC 的業者眾多，中央處理器方面有英特爾（Intel）、超微（AMD）；繪圖處理器有輝達（NVIDIA）、超微；行動通訊 IC 有聯發科、高通（Qualcomm）；網通 IC 有瑞昱（Realtek，2379.TW）、博通（Broadcom）、Marvell 等等。為了鞏固市場競爭力，邏輯 IC 講求上市時效（Time to Market），產品更迭速度快，因此，產品推出數量及速度較其他類型 IC 設計廠密集。此外，市占率、研發能力、產品未來性等也都是影響公司發展和經營績效的關鍵。

表 12：類比 IC 和邏輯 IC 比較表

	類比 IC	邏輯 IC
訊號傳輸	光電、聲音、速度、溫度等連續訊號	0 與 1
產品特色	少量多樣	多量少樣
生命週期	長	短
平均售價	較低、穩定	較高、波動
應用	電源管理、放大器	CPU、GPU

資料來源：作者整理

13　IC 也有智財權

如前面章節所說，IC 生產流程和興建建築物的過程類似，IC 設計好比是建築物的設計圖。IC 設計的價值在於設計圖的 Know How，因此智慧財產權的保障非常重要。由於半導體的主流成分是「矽」（Silicon），所以 IC 設計的智慧財產權稱為「矽智財」（Silicon Intellectual Property；SIP）。

對 IC 設計公司來說，在冗長複雜的晶片研發流程中，如果每個環節都自己來，相當費時費力，因此，這麼龐大的工程一定會有其他的輔助廠商參與。IC 設計公司在開發新晶片時如果需要加入某項功能，就可以直接向矽智財供應公司購買所需的電路架構與設計模組，待取得授權後即可使用，以節省開發資源。而矽智財就是一組事前設計好並驗證完畢、可重複使用的功能模組；這就好像建築師採用現成的標準圖，無需自行繪畫所有圖樣。

隨著人工智慧（AI）、高效能運算（HPC）、5G 等產業蓬勃發展，市場對 IC 的功能要求益趨提升。為了使 IC 設計人員能夠加速開發、縮短上市時間、提高產品良率等，矽智財授權更加蓬勃，進而造就更多的矽智財公司與 IC 設計服務公司興起。

美商安謀（ARM）是目前全球最大的 IP 公司，以授權一個同名的處理器架構（ARM 架構）為主，在智慧型手機市場市占率高達九成以上；円星科技（M31，6643.TWO）主要授權高速介面 IP 和類比 IP；力旺電子（eMemory，3529.TWO）則以授權嵌入式記憶體 IP 為主。此外，由於晶片設計牽涉大量工作，部分作業會交給 IC 設計服務供應商，例如創意電子（GUC，3443.TW）、智原科技（Faraday，3035.TW）及世芯電子（Alchip，3661.TW）。

圖 13：IC 設計服務流程。

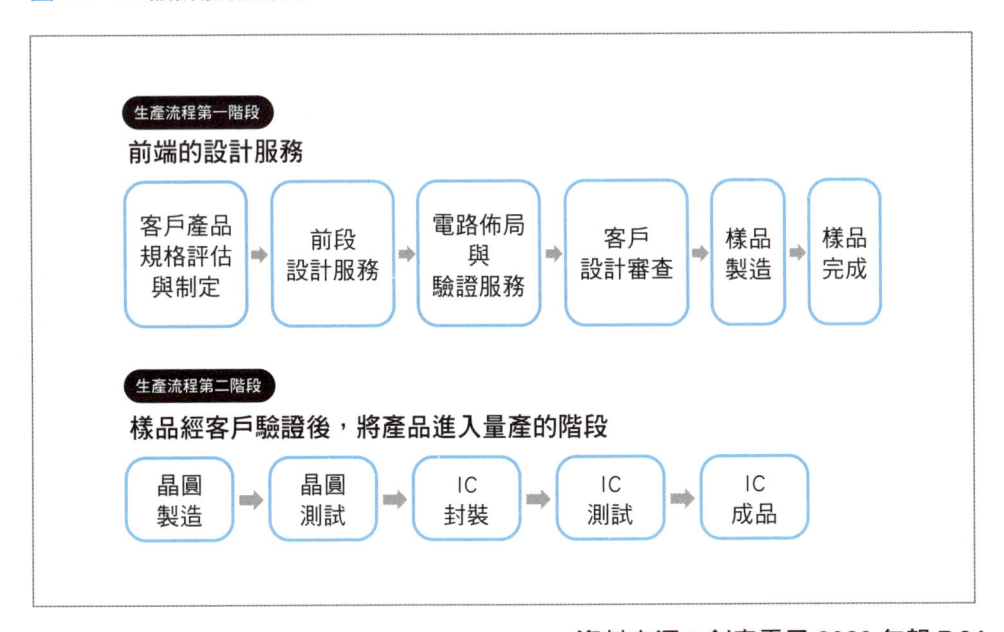

生產流程第一階段
前端的設計服務

客戶產品規格評估與制定 → 前段設計服務 → 電路佈局與驗證服務 → 客戶設計審查 → 樣品製造 → 樣品完成

生產流程第二階段
樣品經客戶驗證後，將產品進入量產的階段

晶圓製造 → 晶圓測試 → IC 封裝 → IC 測試 → IC 成品

資料來源：創意電子 2023 年報 P.91

14 矽智財怎麼賺？

　　了解 IC 設計業的矽智財十分重要後，就必須要清楚矽智財業者的商業模式。一般來說，矽智財公司的收入來源有三大項。第一是 IP 的授權金（License Fee）和權利金（Royalty），將設計好的 IP 模組授權給晶圓代工廠，第一次會收取授權金，這是一次性的費用。待 IC 產品正式透過晶圓代工廠量產後，就會轉為收取權利金，每片晶圓收取一定比例的金額。

　　第二是委託設計（Non-Recurring Engineering；NRE），意即透過替客戶進行 IC 委外設計。IC 設計服務公司接受系統或硬體週邊客戶委託開發設計晶片產品，並幫忙驗收、試產，確認沒問題後交給客戶；當客戶完成驗收試產樣品，卻無法自行量產，這時也可以由 IC 設計服務公司幫忙委託晶圓代工廠量產。在這樣的模式下，IC 設計服務公司會收取一次性 NRE 費用。簡單來說，NRE 相當於半導體產品的研發費。

　　第三是客戶委託晶圓量產的一條龍服務（Turnkey）。透過 NER 委外設計的 IC 晶片，在設計開發完成後，便進入量產的階段。然而，倘若 IC 設計公司本身並不經常與晶圓製造、光罩、封測等廠商往來，勢必無法爭取到較好的代工價格及服務，因此透過 IP 及設計服務公司代為處理生產業務，包含 NRE 服務及投片量產服務，即稱為 Turnkey 服務。也有公司會把這類服務歸納為「ASIC 產品」，客戶委託設計並經客戶驗收試產無誤後，請 IC 設計服務公司代為量產，最終 ASIC 產品會以晶圓或經封裝測試好的 IC 出貨交與客戶。

　　IP 授權金與權利金的毛利率可達 100％，例如円星科技（M31，6643.TWO）、力旺電子（eMemory，3529.TWO）等單純的矽智財公司，2023 年毛利率皆為 100％；NRE 與 Turnkey 的毛利率就落差比較大，NRE 毛利率落在 30％ 到 50％ 之間，Turnkey 的毛利率通常介於 15％ 到 20％ 左右。儘管 Turnkey 的毛利率較低，但因已進入量產階段，所以可貢獻營收金額反而較高，這也是 IC 設計服務公司主要的收入來源。

表 14：IC 設計服務公司的營收來源

收入來源	說明	毛利率
授權金	初期的授權費用	幾近 100%
權利金	產品正式銷售後開始支付權利金	
NRE	偏向客製化服務	30% 到 50%
Turkey	客戶取得 NRE 後，如無法自行量產，則需透過 IP 廠向晶圓代工廠取得技術服務，營收貢獻金額較高	15% 到 20%

資料來源：作者整理

15　IC 設計服務在做什麼？

現在大家應該已經了解何為矽智財，以及 IC 設計服務業靠什麼賺錢了。但 IC 設計服務公司和 IC 設計公司，到底有什麼不同呢？

他們的共同點是兩者都屬於半導體產業鏈的上游 IC 設計端，最終目的是為了設計晶片。既然是「設計業」，也就沒有自己的晶圓代工廠。

不同的地方則在於，IC 設計公司的產品是晶片，但 IC 設計服務公司沒有自己的產品，主要提供服務，協助客戶設計開發晶片為目的。

IC 設計服務公司雖不設計和銷售晶片，但他們為 IC 設計公司提供相應的工具、完整功能模組、電路設計架構與諮詢服務。因為賣的是服務，屬於矽智財，公司規模較小，資金需求相對低，所以不須購置龐大實體資產，也不必負擔產品銷售的市場風險。

正因如此，IC 設計服務業的市場規模較小，反而容易形成壟斷，使後進者難以打入市場。以目前全球的 CPU 架構為例，長久以來，以英特爾（Intel）的 x86 架構和安謀（ARM）的 ARM 架構兩者獨大。前者多應用於 PC 和伺服器，後者長期主導行動裝置市場。

只是，隨著電子裝置功能變多，晶片日益複雜，IC 設計公司無法只靠既有的晶片產品為客戶帶來產品的多樣性與差異性。這時 IC 設計服務的重要性與彈性彰顯出來，提升晶片多樣性與差異，造就產品多樣性。

放眼現今，數據中心、汽車電子、無人機與機器人是近幾年的新興發展，相關技術與商業模式逐漸成型，是目前 IC 設計服務業務的主要來源。展望未來，在人工智慧、5G 通訊、先進駕駛輔助系統等應用備受關注，可視為未來科技業發展主流，將會是 IC 設計服服業未來商機所在。

圖 15：IC 設計和 IC 設計服務的差異。

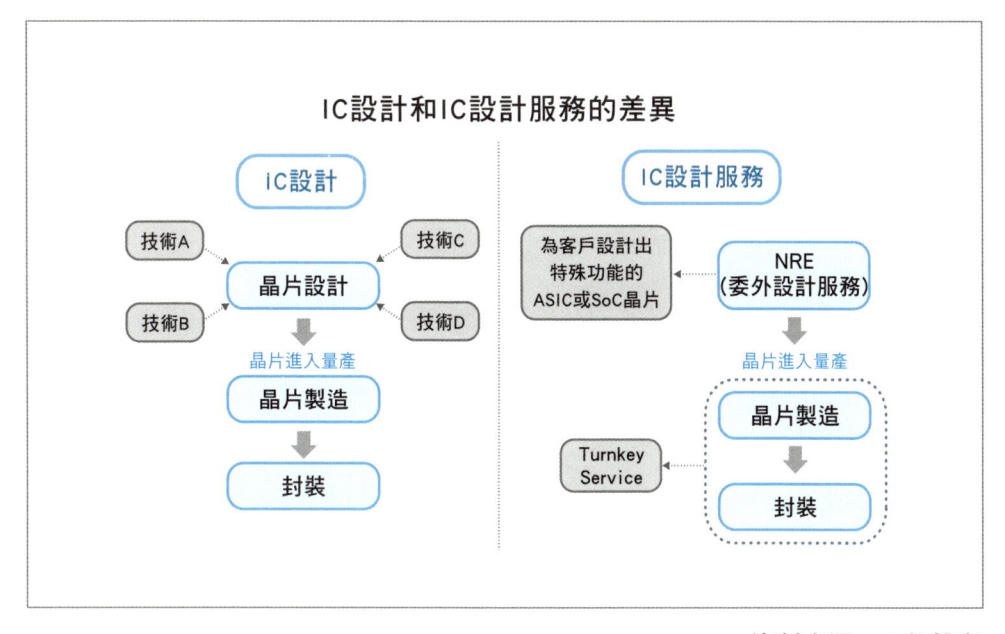

IC設計和IC設計服務的差異

IC設計
- 技術A、技術B、技術C、技術D → 晶片設計
- 晶片進入量產
- 晶片製造 → 封裝

IC設計服務
- 為客戶設計出特殊功能的ASIC或SoC晶片 ← NRE（委外設計服務）
- 晶片進入量產
- 晶片製造 → 封裝
- Turnkey Service

資料來源：工銀投顧

16 EDA 寡占產業的三巨頭

IC 設計是半導體產業上游產業，而 EDA 產業則是 IC 設計的「最」上游產業，EDA 軟體涵蓋 IC 設計、布線、驗證和模擬等全方位工具，同時也是積體電路設計必需的重要軟體。

依市場研究機構估計，2023 年全球 EDA 市場規模為 100 到 110 億美元左右，相對於 5000 多億美元的全世界半導體市場而言，EDA 在半導體領域中產值並不大。雖然只處於半導體市場的一小部分，但極為重要，如果缺少 EDA 產業，全球的 IC 設計公司都將停擺。

綜觀市場，EDA 產業屬於寡占事業，由排名前三大的公司把持了 6 到 7 成的市占率，由大到小依序分別是 Synopsys、Cadence 和 Siemens EDA。

由於 EDA 三巨頭幾乎在所有電子各領域都有產品涉及，透過合併小廠，使自家產品線更為全面；EDA 又因為專利層層保護，研發支出龐大，故進入門檻極高；以及下游客戶依賴性高，要瓜分這三家大廠的市場大餅並不容易。

台灣 IC 產業經過數十年的發展，儼然成為全球半導體領域不可取代的重鎮。在 EDA 領域方面，台灣亦是這三大 EDA 巨頭非常重視的市場，在本地設有龐大的業務據點與團隊，也與台積電（TSMC，2330.TW）、聯電（UMC，2303.TW）、聯發科技（MediaTek，2454.TW）、創意電子（GUC，3443.TW）等台廠業務關係密切。其中，台積電亦與全球 10 多家 EDA 廠商組成電子設計自動化聯盟。

過去台灣曾有一家上市公司名為思源科技（SpringSoft），在全球市場表現亮眼，惟於 2012 年 Synopsys 收購，至今目前較沒有看到具代表性的台灣 EDA 供應商。如今在 EDA 已經成為一個「大者恆大」的產業，台灣 EDA 公司規模小，多以冷門或利基型的領域切入，如類比設計或先進封裝等，否則生存不易。

表 16：台積電與全球 16 家 EDA 廠商組成電子設計自動化聯盟（2024/9/25）

Altair Engineering	Cadence Design Systems	Keysight Technologies	SkillCAD
Ansys	Empyrean	Lorentz Solution	Synopsys
AnaGlobe	iROC Technologies	Primarius	
Arteris	Jedat	Siemens EDA	
Ausdia		Silvaco	

資料來源：台積電官網

17 從全球前 10 大 IC 設計公司排名變化看產業趨勢

本篇將帶讀者認識全世界的一線 IC 設計公司。依研調機構 TrendForce 的 2023 年全球前 10 大 IC 設計排名，前六名分別是輝達（NVIDIA）、高通（Qualcomm）、博通（Broadcom）、超微（AMD）、聯發科（MediaTek，2454.TW）和邁威爾（Marvell），後四名是聯詠（Novatek，3034.TW）、瑞昱（Realtek，2379.TW）、上海韋爾（Willsemi）和芯源系統（MPS）。

特別說明的是，前六名的績優生在十年前也是穩居前六名之列，只是前後排序有所不同。而後四名的變化就比較大，聯詠和瑞昱在十年前分列第十一和第十六大，而上海韋爾和芯源系統還排不進前二十大。

全球前 10 大 IC 設計公司早年主力產品大多是集中在某一特定的晶片市場，因此透過購併手段來壯大經營規模和強化產品線，尋求更佳的業績成長動力。像是 2013 年安華高（Avago）收購 LSI；2015 年上半年就有恩智浦（NXP）收購飛思卡爾（Freescale）、安華高併博通、英特爾（Intel）買阿爾特拉（Altera）等三件半導體購併案。在台灣，聯發科先是 2012 年與競爭對手晨星合併，後在 2015 年相繼收購曜鵬科技、常億科技、奕力科技及立錡電子等四家 IC 設計公司，擴張範圍之大，令外界驚奇。

觀察 2023 年的排名，值得一提的是，輝達受惠於 AI 商機爆發，挾著 AI 加速晶片全球市占率超過八成之勢，首度擠下高通，成為全球 IC 設計業的霸主。而過去與輝達被喻為 GPU 雙雄的超微，在這波 AI 浪潮中，話語權與聲量不及英特爾與輝達。惟受惠於 2022 年完成收購賽靈思，故仍能穩坐全球第四。高通過去十年為全球龍頭，但因手持裝置事業及物聯網事業的需求不振，加上 AI 崛起，因此 2023 年龍頭寶座只得拱手讓給輝達。

全球前 10 大 IC 設計公司，台灣就佔了三名，分別是聯發科、聯詠和瑞昱。台灣除了晶圓製造全球第一之外，IC 設計的實力也不容忽

視。

表 17：2023 和 2013 年全球 IC 設計排名變化

2013 年排名	2023 年排名	公司名	總部位置	董事長或執行長	出生地
5	1	輝達 NVIDIA	美國	黃仁勳	台灣
1	2	高通 Qualcomm	美國	Cristiano Amon	巴西
2	3	博通 Broadcom	美國	陳福陽	馬來西亞
3	4	超微 AMD	美國	蘇姿丰	台灣
4	5	聯發科 MediaTek	台灣	蔡明介	台灣
6	6	邁威爾 Marvell	美國	Matt Murray	美國
11	7	聯詠 Novatek	台灣	何泰舜	台灣
16	8	瑞昱 Realtek	台灣	邱順建	台灣
-	9	上海韋爾半導體 Willsemi	中國	虞仁榮	中國
-	10	芯源系統 MPS	美國	Michael R. Hsing	美國

資料來源：**TrendForce、IC Insights**，作者整理。

18　智慧型手機重要推手：認識高通與聯發科

現代人生活早已離不開智慧型手機，忘記帶手機比忘記帶錢包更困擾，愈來愈多事務都是透過手機完成。在討論智慧型手機和平板電腦的規格和性能時，常常會聽到兩家公司：「聯發科」（MediaTek，2454.TW）和「高通」（Qualcomm）。他們所生產的晶片影響許多手機的效能和功能，在市場上佔有重要的地位。

高通和聯發科銷售的手機晶片以系統單晶片（SoC）為主。SoC 是一個晶片組，裡面包括 CPU、GPU、記憶體、基頻晶片等多種類型晶片。兩家公司在技術競爭力和市場占有率方面一直有著激烈的競爭。

先了解一下高通的背景。高通是 1985 年成立，營運核心是「通訊技術（Qualcomm CDMA Technologies，QCT）」業務，高通從晶片銷售中獲得大部分營收。另一為「專利授權（Qualcomm Technology Licensing，QTL）」業務，高通擁有大量行動通訊技術方面的專利，將這些專利許可授權給手機設備製造商，從中賺取授權費用，因此被俗稱為「高通稅」。

而聯發科技是在 1997 年成立，原為聯電（UMC，2303.TW）自多媒體部門分出來的子公司。2000 年起先後投入無線通訊基頻、射頻晶片、電視控制晶片等研發，2002 年躋身全球十大 IC 設計公司。2003 年，聯發科發布第一款手機晶片，時逢中國本土手機快速崛起，聯發科的解決方案憑藉較低的售價，迅速成為講求高性價比的白牌機首選平台。

過去二十年間，在全球十多億支智慧型手機市場，高通與聯發科短兵相接。一個是貴族品牌，企圖往下殺入中階市場；另一個則是平民品牌，奮力往上搶攻高階客戶。高通在高階和技術創新方面領先，但聯發科在中階和入門級市場的佔有率更高。他們在手機 SoC 競爭多年，從白牌手機、照相手機、多功能智慧手機，到最近正夯的 AI 功能，AI 應用成為競逐焦點，未來如何發展，大家拭目以待。

圖 18：全球智慧型手機晶片市占率（2022 年第 2 季到 2023 年第 4 季）

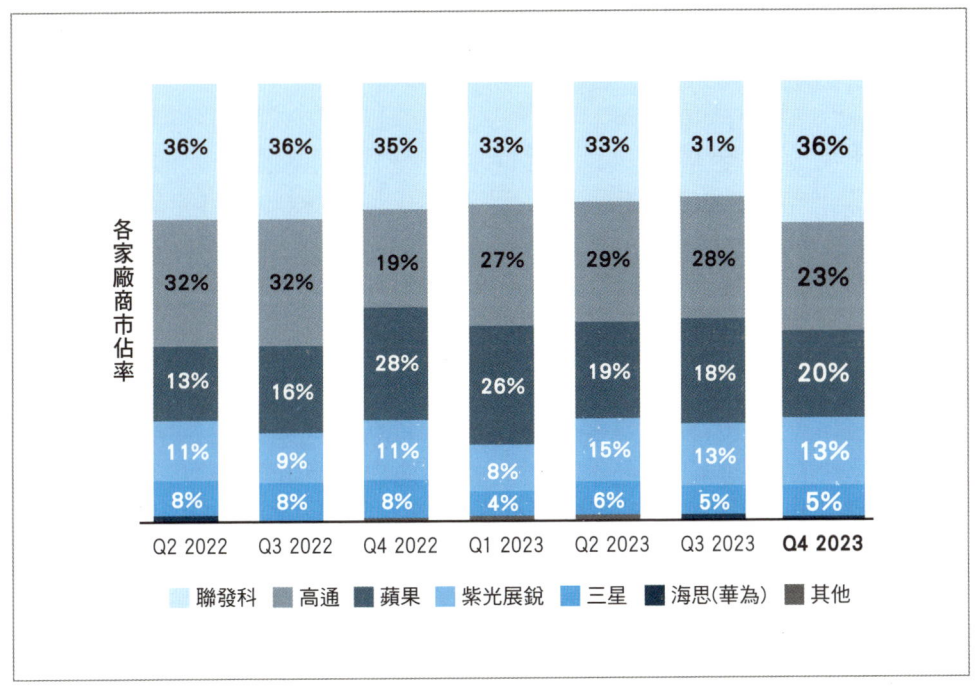

各家廠商市佔率	Q2 2022	Q3 2022	Q4 2022	Q1 2023	Q2 2023	Q3 2023	Q4 2023
聯發科	36%	36%	35%	33%	33%	31%	36%
高通	32%	32%	19%	27%	29%	28%	23%
蘋果	13%	16%	28%	26%	19%	18%	20%
紫光展銳	11%	9%	11%	8%	15%	13%	13%
三星	8%	8%	8%	4%	6%	5%	5%
海思(華為)							
其他							

資料來源：Counterpoint Research、兆豐國際投顧

19 台灣 IC 設計產業在全球地位

二十年前，全球 IC 設計業營收占整體半導體業營收的比重約 12％；二十年後，2023 年已竄升到 30％，而且未來還可能繼續提升。其中，美國是 IC 設計業的龍頭重鎮，約六到七成產值集中在美國本地；其次則是擁有完整半導體產業鏈，以及龐大電子系統製造實力的台灣，以近二成的市占率位居第二。

台灣 IC 設計產業的生態系（Ecosystem）服務體系完整，上中下游同步發展，不僅 IC 設計業是全球第二，而晶圓代工、IC 封測業等更是全球第一。由於垂直專業分工、彼此強強聯手且相互支援，產業群聚效果顯著，相關週邊支援產業完善。台灣 IC 設計產業已形成長期穩定事業共同體，是全球各國競相學習的產業發展典範。

然而，台灣 IC 設計產業也面臨一些挑戰，全球競爭加劇，包括中國、韓國等地的競爭壓力越來越大；加上人才短缺，IC 設計產業需要大量的高階研發人才，但台灣人才供給不足，這些都可能影響台灣 IC 設計產業的發展。

隨著 5G、人工智慧、物聯網等新興技術的發展，台灣 IC 設計產業預期將持續成長，根據資策會 MIC 研究預估，2023 年台灣半導體產業產值為新台幣 3.77 兆元，2024 年預估產值將達新台幣 4.29 兆元，成長 13.7％。從產業面來看，IC 設計是台灣具發展條件的重點產業之一；從投資的角度看，目前台灣上市櫃 IC 設計公司有 93 家，IC 設計具有創新產業的股價爆發力，可視為資本市場最具吸引力的特殊族群。

表 19：台灣半導體產業在全球佔有重要地位

2021年	台灣產值（億美元）	全球產值（億美元）	台灣佔有率	台灣排名	台灣大廠	國際大廠
IC 產業	1,571	7,050	22.3%	2	台積電（TSMC）	英特爾（Intel）
IC 設計	387	2,016	19.2%	2	聯發科（MediaTek）	輝達（NVIDIA）
IDM（含記憶體）	66	3,238	2.0%	5	南亞科	美光（Micron）
晶圓代工	894	1,421	62.9%	1	台積電	格羅方德（Global Foundries）
IC 封測代工	224	401	55.9%	1	日月光	艾克爾（Amkor）

資料來源：TechInsights、PrecedenceResearch、資策會 MIC、經濟部產業發展署智慧電子產業計畫推動辦公室，2023 年 7 月

網址：https://www.sipo.org.tw/industry-overview/industry-state-quo/semiconductor-industry-state-quo.html

Chap.03

不止是 IC 製造工廠―
認識晶圓代工

作者：柴煥欣

半導體產業鏈分為上游 IC 設計、中游晶圓代工及下游 IC 封裝測試，若說其中重要性，非晶圓代工莫屬。晶圓代工不僅是資本密集產業，更是技術密集產業，進入門檻極高。若無晶圓代工廠在製程與產能的支援，智慧型手機與人工智慧（AI）市場都無法起飛。本章也將透過晶圓代工製作流程、製程技術發展、市場競爭及主要廠商策略，帶您對晶圓代工產業有更深一層認識。

n   d   u   c   t   o   r

20 晶圓代工到底在做什麼？

晶圓代工第一個步驟就是透過熱氧化法或化學氣相沈積法等途徑在晶圓上方構成一層薄膜，這層薄膜可以是二氧化矽、氮化矽、多晶矽等絕緣體。

其中，熱氧化法就是將晶圓放入烤爐並注入氧氣，晶圓表面就會形成二氧化矽薄膜。化學氣相沈積法則是同時注入多種氣體發生化學反應，晶圓表面就會產生沈積物並形成薄膜。

晶圓代工第二個步驟是採用曝光機的微影技術將晶圓上的薄膜刻上電路的系列流程。先塗上光阻，將光阻劑滴在晶圓中央後，再透過將晶圓高速旋轉將光阻劑均勻分布在晶圓表面。

第三步稱為曝光，用已印上 IC 設計公司設計好電路的光罩置入曝光機內，紫外光通過光罩後，就會將光罩上的電路圖案印在晶圓一小塊區域上，一塊做完再做下一塊。

第四步為顯影，就是用顯影劑沖洗晶圓，將被光照到的光阻劑部分溶解，晶圓各小塊區域就會出現光罩上電路圖案，這個圖案是由光阻劑所形成，而不是下層氧化薄膜所形成的圖案。

第五步為蝕刻，將晶圓浸泡入特殊化學溶劑，沖洗掉沒有被光阻劑覆蓋到的薄膜部分，留下來薄膜圖案就會與光阻的圖案劑相同，接著再將晶圓浸泡入另一種化學溶劑將光阻劑移除，晶圓表面上僅留下已構成電路圖案的薄膜。

蝕刻結束後，晶圓表面已構成初步電路，但仍為無法導電的絕緣體，此時就要導入電場加速磷原子與硼原子等離子做為雜質注入晶圓，並且破壞晶圓矽的結晶架構。接著將晶圓送入烤爐加熱，晶圓內做為雜質的離子就會擴散開來，並均勻分布在晶圓每個區域，此時構成 IC 的電晶體就已在晶圓上集成完畢，這個加熱過程就被稱為退火。

之後，就是將表面氧化、蝕刻、雜質擴散等步驟周而復始循環數次，就如同蓋房子一樣，堆疊出一層一層電路結構，就能在晶圓上做

出一顆一顆的 IC。

圖 20：晶圓代工流程

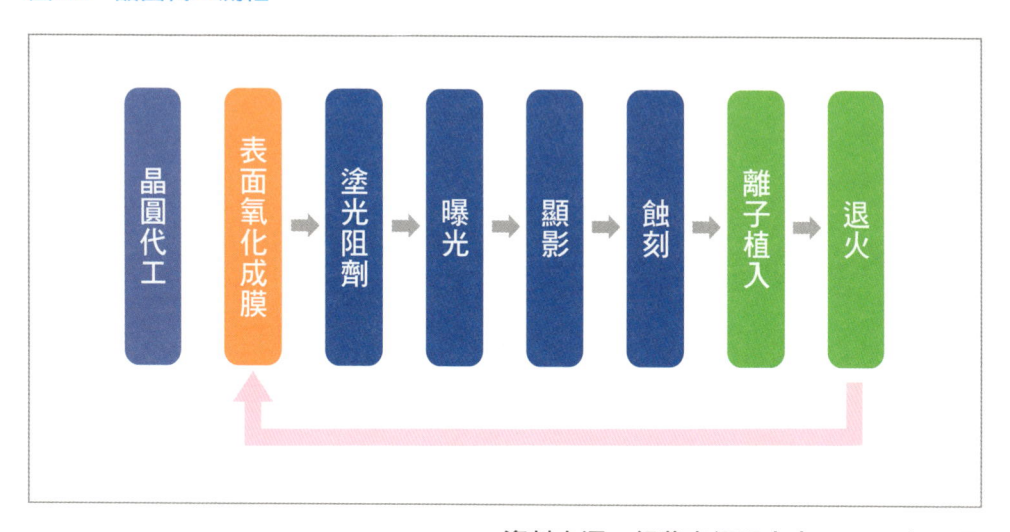

晶圓代工 ➡ 表面氧化成膜 ➡ 塗光阻劑 ➡ 曝光 ➡ 顯影 ➡ 蝕刻 ➡ 離子植入 ➡ 退火

資料來源：銀藏產經研究室，**2024** 年 **7** 月

21 摩爾定律是什麼？

為滿足終端裝置對晶片規格需求朝向高效能、低功耗、低成本等方向發展，除依靠在 IC 設計端努力外，對 IC 製造業者而言，晶圓代工微縮製程技術持續推進，是最直接有效滿足晶片規格的途徑，從 0.13 微米、0.11 微米，到 90 奈米、65 奈米，到如今 5 奈米、3 奈米、2 奈米，甚至即將進入埃米世代，誰能夠率先跨入次世代先進製程，佔有製程技術領先優勢，誰就有機會取得晶圓代工較大市占。

透過長期對 IC 製造製程技術推進速度的觀察，英特爾（Intel）共同創辦人高登・摩爾（Golden Moore）於 1965 年提出「摩爾定律」（Moore's Low）最原始的表述。其中，從製程技術發展角度觀察，相同面積的積體電路上，可容納電晶體數目約每隔 18 至 24 個月增加一倍，性能也提升一倍，這就是摩爾第一定律。

從晶片製作成本角度觀察，在每 18 至 24 個月晶片容量與效能成長 1 倍過程中，製作晶片成本將會持續增加，直到成本超過獲利，無法再蓋新廠為止。此外，高登・摩爾也預期在摩爾定律提出之後，該定律至少可以有效維持 10 年。

實際上，摩爾定律不僅是對半導體產業發展具有指標性意義，對終端電子產品市場亦具有實質性影響。對於 PC、智慧型手機等終端 3C 產品業者而言，都必須根據英特爾、台積電（TSMC，2330.TW）、高通（Qualcomm）等半導體大廠的製程技術藍圖規劃，掌握未來那些時間點將升級次世代 IC 製程技術，進而推出新一代中央處理器（CPU）或應用處理器（AP），終端電子產品廠商則要依此規劃新產品研發進度，進而對新產品推出時機訂定市場策略，以保有未來終端市場商機。

因此，摩爾定律不止是描述 IC 製造製程技術向前推進的黃金比例，對於整體電子產業鏈發展亦具有深遠影響力。

表 21：摩爾定律是什麼？

摩爾定律 (Moore's Law)	摩爾 第一定律	A. 晶片密度每18個月會成長1倍。 B. 意味著在相同投片數下，每隔18個月晶片產出數量就會成長1倍。 C. 這也將意味著包括記憶體尺寸及晶片性能也將隨著這條曲線進行。
	摩爾 第二定律	A. 製作晶片成本將會持續增加，直到財務能力無法再蓋新廠為止。 B. 在每18個月晶片容量成長1倍過程中，直到成本將會超過獲利所能負擔為止。

資料來源：銀藏產經研究室，2024 年 7 月

22　More Moore：先進製程持續推進

為能讓製程繼續微縮、摩爾定律持續向前推進，晶圓代工廠商朝二大方向進行努力，其一是朝次世代電晶體結構投入研發。電晶體結構從最原始平面 2D 型態金屬氧化物半導體場效電晶體（MOSFET）結構一路演進到 14 / 16 奈米世代的 3D 型態鰭型場效電晶體（FinFET），至 3 奈米製程世代，南韓三星率先導入全環閘極（Gate-All-Around）電晶體結構。電晶體結構推陳出新，讓微縮製程技術得以向前推進。

其二則是與半導體設備廠商合力開發新一代設備，其中又以顯影設備最具關鍵。從微米至 7 奈米製程階段，都是採用深紫外光（DUV）顯影設備，自 40 奈米製程開始，DUV 設備由原本乾式蝕刻機台轉為濕式蝕刻機台，這也讓 DUV 設備價格大幅提升，使得不少二線晶圓代工廠對先進製程研發與導入量產卻步。

早在 2012 年，荷蘭半導體設備廠商艾司摩爾（ASML）為籌措次世代極紫外光（EUV）顯影設備研發經費，主動拿出 25％股權向台積電（TSMC，2330.TW）、英特爾（Intel）、三星電子（Samsung Electronics）進行募股，這才得以讓 EUV 技術得以順利研發。自 5 奈米製程開始，台積電、英特爾、三星電子開始先後導入 EUV 顯影設備，預估未來跨入埃米世代，則將會導入最新型的高孔徑極紫外光（High NA EUV）顯影設備。

自摩爾定律提出以來就不斷受到質疑和挑戰，就連摩爾本人都低估摩爾定律推進的潛力，他最初的預測是持續 10 年。至 2004、2005 年，當時 IC 製程技術正式進入奈米時代，許多人認為半導體製程技術已達極限，摩爾定律將面臨失效。

但事實卻不然，摩爾定律提出五十多年來，IC 製程技術依然持續推進。然而，IC 製程技術由 0.11 微米跨到 90 奈米整整花了 33 個月，從 90 奈米跨至 65 奈米製程使用了 27 個月，從 5 奈米製程升級至 3 奈米也花了 36 個月，皆遠超過摩爾定律的 18 至 24 個月。由此可知，摩爾定律雖然不死，但製程技術推進速度卻明顯放慢。

圖 22：More Moore：先進製程持續推進

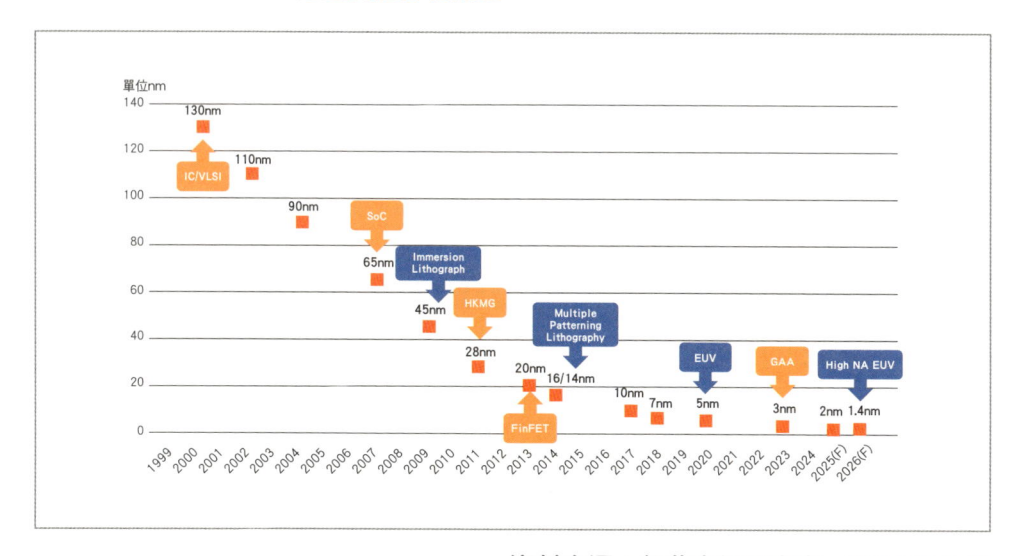

資料來源：銀藏產經研究室，2024 年 7 月

23 2023 年全球前五大晶圓代工廠簡介

從 2019 至 2023 全球前 10 大晶圓代工廠營收排名與市占變化觀察，台積電（TSMC，2330.TW）在擁有微縮製程技術領先優勢，加上每年花費龐大資本支出為客戶提供充足產能，營收由 2019 年 346 億美元成長至 2023 年 693 億美元，全球市占率由 53.5％攀升至 62％，穩居全球排名第一晶圓代工廠。

南韓三星電子（Samsung Electronics）為全球半導體巨擘之一，營收排名長年與英特爾競爭。然而，2007 至 2008 年面臨全球金融危機衝擊，半導體景氣下滑，在全球主要整合元件廠（IDM）採取資產輕量化策略之際，三星在南韓政府支持下逆向投資，跨入晶圓代工產業。經過數年大舉投資及研發，三星晶圓代工營收排名由 2019 年第四名攀升至 2022、2023 年的第二名。除英特爾外，三星在先進製程研發進度是能與台積電相抗衡的晶圓代工業者。

成立於 2009 年的格羅方德（GlobalFoundries；GF）為阿布達比主權財富基金所投資，挾其雄厚資金優勢，先是收購當時還是整合元件廠超微（AMD）位於德國德勒斯登的 12 吋晶圓廠產能，2010 年再收購位於新加坡的第三大晶圓廠特許半導體（Chartered），之後又在美國興建 12 吋晶圓廠，產能與營收規模一舉超越當時全球排名第二的聯電，2023 年以 74 億美元營收規模排名全球第三。

曾與台積電並稱為「晶圓雙雄」的聯電（UMC，2303.TW）2010 年前營收排名居全球第二。然而，在投資多家 IC 設計公司組成「聯家軍」的「虛擬 IDM」策略失利拖累下，加上 2017、2018 年宣布停止對先進製程投資與研發，聯電最先進製程停留在 14／12 奈米，造成全球市占率節節敗退。

中芯國際（SMIC）為中國大陸最大晶圓代工廠，亦是當地政策扶持重點企業。在國家資金挹注下，中芯持續擴充產能，全球市占率從原本低於 5％緩步向聯電及 GF 接近。自 2019 年起，為突破美國技術封鎖，中芯先進製程研發腳步不曾停過，2022、2023 年已具備 7 奈米

製程量產能力，並持續朝 5 奈米製程投入研發。

表 23：2019 ～ 2023 全球前 10 大晶圓代工廠營收排名與市占變化

排名	2019 公司	營收	市佔(%)	2020 公司	營收	市佔(%)	2021 公司	營收	市佔(%)	2022 公司	營收	市佔(%)	2023 公司	營收	市佔(%)
1	TSMC	34,599	53.5	TSMC	44,954	59.7	TSMC	56,674	58	TSMC	75,798	58	TSMC	69,300	62
2	GF	5,380	8.6	UMC	5,959	7.9	UMC	7,606	7.8	Samsung	10,291	8	Samsung	13,300	12
3	UMC	4,792	7.7	GF	5,750	7.6	GF	6,553	6.8	UMC	9,356	7	GF	7,392	7
4	Samsung	4,340	7.0	Samsung	4,650	6.2	Samsung	6,119	6.7	GF	8,108	6	UMC	7,145	6
5	SMIC	3,116	5.0	SMIC	3,875	5.1	SMIC	5,453	5.6	SMIC	7,273	6	SMIC	6,320	6
6	Tower Jazz	1,234	2.0	PSMC	1,358	1.8	PSMC	2,340	2.4	PSMC	2,570	2	HH Grace	3,113	3
7	PSMC	994	1.6	Tower Jazz	1,260	1.7	HH Grace	1,631	1.7	HH Grace	2,476	1.9	Tower Semi	1,423	1.3
8	HH Grace	933	1.5	VIS	1,124	1.5	VIS	1,573	1.6	VIS	1,737	1.3	PSMC	1,297	1.2
9	VIS	916	1.5	HH Grace	951	1.3	Tower Jazz	1,350	1.4	HLMC	1,706	1.3	VIS	1,229	1.1
10	HLMC	681	1.1	HLMC	820	1.1	HLMC	1,290	1.3	Tower Semi	1,678	1.3	Nexchip	1,021	0.9

資料來源：銀藏產經研究室，2024 年 7 月

24 資本支出意義為何？

在每個季度結束後所召開的法人說明會中，投資法人對主要 IC 製造廠商（尤其是台積電）所關心的重要數據之一就是資本支出（CapEx）。

資本支出指的是該年度 IC 製造廠商新建廠房、採購設備及既有廠房維護歲修所支出的金額。投資法人之所以會關心資本支出金額變化，不僅是因為該年度資本支出會在未來數年在損益表中以「固定成本」會計科目進行攤提，將會對公司毛利率等獲利能力數據產生影響，亦能從資本支出金額推估該 IC 製造廠商當年度產能計畫。

許多晶圓代工廠商對產能擴充的決策作法，會先向 IC 設計與系統客戶調查未來一個或數個年度對公司各製程別產能需求狀況，再將從客戶端反饋回來的數據加以匯總後，推估出客戶對各製程產能需求，依此規劃產能建置，進而估算出資本支出的金額。所以，資本支出最重要的意義在於，該金額變化反映出該 IC 製造廠商對未來半導體產業景氣好壞的預估。

從台積電（TSMC，2330.TW）2015 至 2023 年資本支出金額變化觀察，2016 年前資本支出從未跨越 100 億美元門檻，2016 年首次超過 100 億美元，之後呈現逐年成長態勢，主要受惠於 2017 至 2018 年全球半導體產業產值成長，客戶端對產能需求強勁，以及台積電 7 奈米製程自 2018 年導入量產後，超微（AMD）、輝達（NVIDIA）、聯發科（MediaTek，2454.TW）等客戶需求強勁，台積電持續擴充 7 奈米製程產能所致。

2020 年下半台積電 5 奈米製程導入量產，該公司開始佈建 5 奈米製程產能，加上 5 奈米製程是採用價格較 DUV 顯影設備高於數倍的 EUV 顯影機台，因此 2021 年台積電資本支出首次達到 300 億美元天險，2022 年更來到 363 億美元歷史新高。由於台積電資本支出增加，積極佈建先進製程產能，不僅讓全年出貨量由 2015 年 876 萬片約當 12 吋晶圓成長至 2022 年 1,525 萬片約當 12 吋晶圓，營收也由 266.1 億美元

成長至 2022 年 758.8 億美元，全球市占率也由 50％水準攀升至 2023 年 62％高峰。

圖 24：2015～2023 台積電資本支出、營業收入及出貨量變化

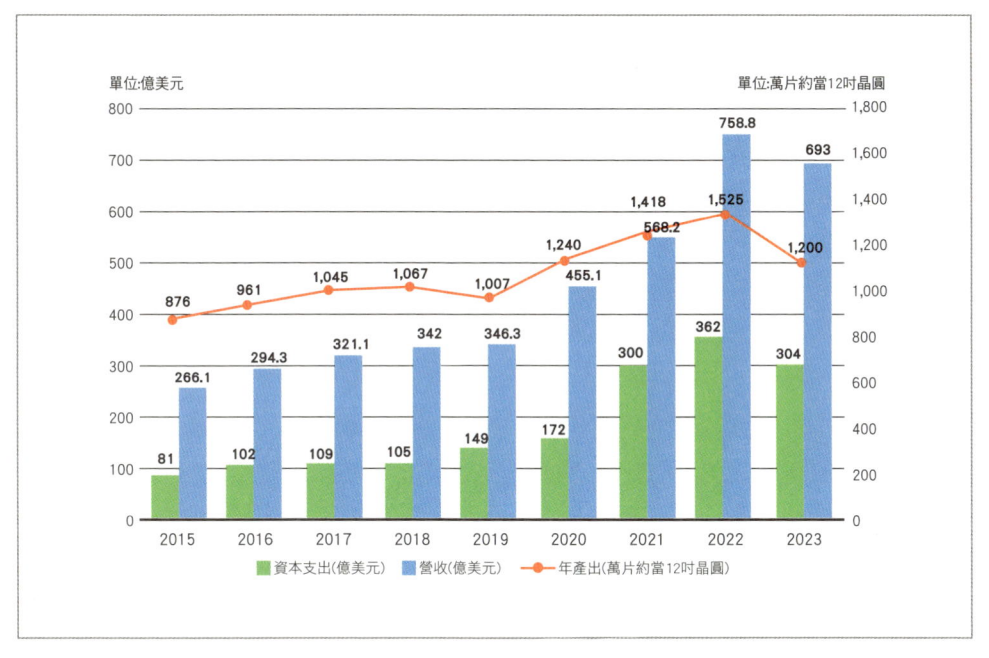

年度	資本支出(億美元)	營收(億美元)	年產出(萬片約當12吋晶圓)
2015	81	266.1	876
2016	102	294.3	961
2017	109	321.1	1,045
2018	105	342	1,067
2019	149	346.3	1,007
2020	172	455.1	1,240
2021	300	568.2	1,418
2022	362	758.8	1,525
2023	304	693	1,200

資料來源：銀藏產經研究室，2024 年 7 月

25 如何觀察產能利用率？

除資本支出外，在各季舉辦法人說明會中，產能利用率（Utilization）也是投資法人對主要 IC 製造廠所關注的重要指標。雖然近年來台積電（TSMC，2330.TW）等晶圓代工廠商已不再揭露該項數據，但投資法人仍能透過資本支出及各季晶圓出貨量進行推估。

產能利用率是投片數量除以總產能所獲得的比率，簡單的說，就是該段時間（通常是以季或年為單位）到底有多少產能是在實際運轉的比率。產能利用率數值高，表示晶圓代工廠閒置產能低，公司具營運效率。反之，產能利用率數值低，表示晶圓代工廠較多閒置產能，公司較不具營運效率。產能利用率通常與毛利率呈現高度正相關。

影響毛利率因素相當多，包括產品組合變化、先進製程比重高低等。不過，觀察 2021 年第 2 季至 2024 年第 1 季聯電（UMC，2303.TW）與世界先進（Vanguard，5347.TWO）產能利用率變化與毛利率高低關係，在這段期間兩家公司並無新製程加入，且產品組合也無顯著變化，所以干擾因素較小。2021 年第 2 季至 2022 年上半，聯電與世界先進產能利用率都能維持在接近滿載的 9 成以上，甚至其中數個季度產能利用率超過 100％，使得聯電毛利率由 2021 年第 2 季 31.3％攀升至 2022 年第 3 季 47.3％，世界先進毛利率也由 40.8％上升至 2022 年第 2 季 49.9％。

但自 2022 年下半 IC 客戶端開始調整庫存，晶圓投片需求下滑，也讓聯電與世界先進產能利用率出現下滑，至 2024 年第 1 季聯電與世界先進產能利用率僅達 30.9％、24.1％，連帶影響到毛利率分別下降至 30.9％、24.1％。

所以，產能利用率高低也是評量晶圓代工廠營運效率與獲利能力重要指標之一。

圖 25：2021 第 2 季～2024 第 1 季聯電與世界先進產能利用率及毛利率變化

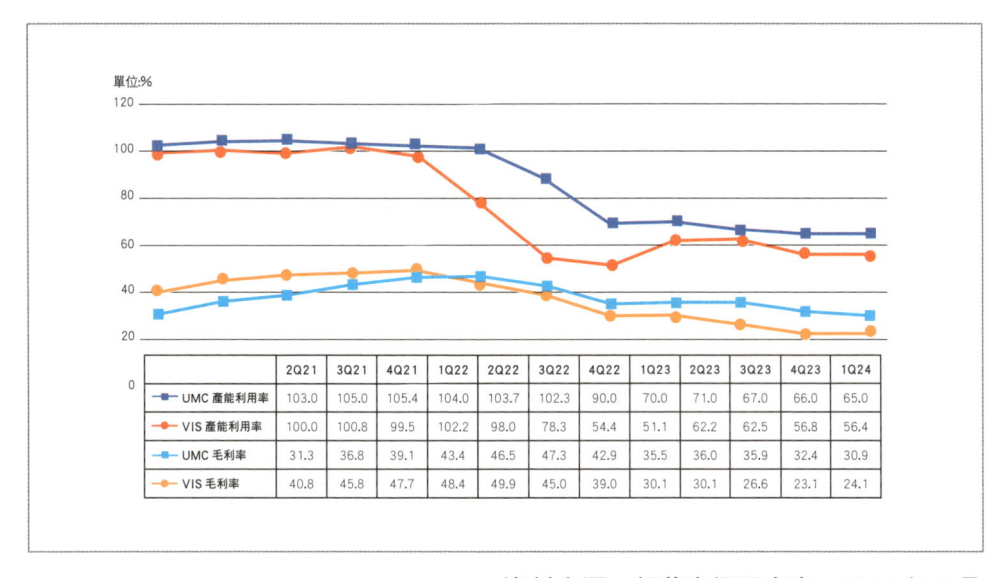

單位:%

	2Q21	3Q21	4Q21	1Q22	2Q22	3Q22	4Q22	1Q23	2Q23	3Q23	4Q23	1Q24
UMC 產能利用率	103.0	105.0	105.4	104.0	103.7	102.3	90.0	70.0	71.0	67.0	66.0	65.0
VIS 產能利用率	100.0	100.8	99.5	102.2	98.0	78.3	54.4	51.1	62.2	62.5	56.8	56.4
UMC 毛利率	31.3	36.8	39.1	43.4	46.5	47.3	42.9	35.5	36.0	35.9	32.4	30.9
VIS 毛利率	40.8	45.8	47.7	48.4	49.9	45.0	39.0	30.1	30.1	26.6	23.1	24.1

資料來源：銀藏產經研究室，2024 年 7 月

26 從 2D 到 3D：電晶體技術演進

為能讓製程能夠繼續微縮，改變電晶體結構就成為必然技術發展方向，在微米時代至 40 奈米製程，晶片就是一般的積體電路（IC）或超大型積體電路（Very large-scale integration；VLSI），採用都是最簡單的金屬氧化物半導體場效電晶體（MOSFET），微縮製程技術推進都是靠閘極尺寸縮小、再縮小。（其實這也正是當年許多人認為半導體微縮製程技術發展將走向終點、摩爾定律將死的主要原因。）

當微縮製程演進到 28 奈米時，電晶體結構則演進至高電介金屬閘極（High-k Metal Gate；HKMG）電晶體結構，藉此得到更窄的線距與更佳的電性。至 16／14 奈米世代，電晶體結構升級至鰭型場效電晶體（FinFET），這也是第一次由 2D 電晶體結構演化為 3D 電晶體結構，該電晶體結構除讓漏電問題明顯改善外，電晶體結構的 3D 化也可以有效縮小晶片面積，讓微縮製程技術能逐步朝 5 奈米邁進。

進入 3 奈米製程，南韓三星（Samsung Electronics）首次導入全環閘極（GAA）電晶體結構，台積電（TSMC，2330.TW）與英特爾（Intel）則將至 2 奈米製程才會導入 GAA 電晶體結構，該技術與 FinFET 電晶體結構最大差異點就是首次導入奈米片（Nanosheet）技術，也就是在一個大水管內排了許多小水管，在相同時間可以讓更多電子通過，這不僅能夠有效提升晶片效能，亦能縮小晶片面積。

由台積電、英特爾、三星電子技術藍圖觀察，2030 年將會進入 1 奈米（10 埃米）世代，電晶體結構將發展至下世代的互補式場效電晶體（CFET）結構。

除電晶體結構外，為能讓製程微縮技術持續推進，各 IC 製造廠商也朝新世代半導體材料投入研發，從過去的矽到 40 奈米製程開始採用矽鍺化合物，未來進入埃米世代，亦不排除採用二維層狀過渡金屬硫化物或奈米碳管等新半導體材料。

圖 26：從 2D 到 3D：電晶體技術演進

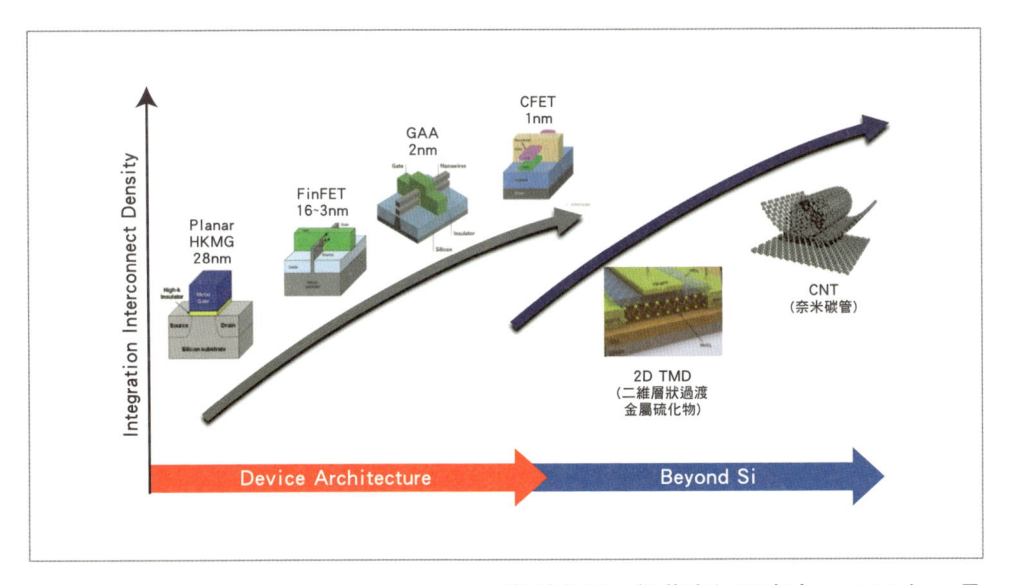

資料來源：銀藏產經研究室，2024 年 7 月

27 進入 2 奈米時代的關鍵技術：晶背供電

與 3 奈米製程技術不同，2 奈米製程除導入全環閘極（GAA）電晶體結構外，另一個技術亮點則在於晶背供電（backside power delivery network；BSPDN）技術。

在晶片表面的電路通常可區分為信號線與電源線，這兩種線路則交錯分布在晶片上。問題在於電源線通上電後就會以電源線為中心產生順時鐘方向的磁場，就如同國中物理課所學過的「弗萊明左手定律」一樣，當電流通過電纜線時也會產生磁場相同。

在 3 奈米及其以上製程，線路與線路之間可以保持足夠距離，所以電源線所產生的磁場不會對信號線所傳輸的信號造成干擾，但 2 奈米製程時，電源線與信號線已無法保持「安全距離」，一旦電流通過，電源線所產生磁場就會對信號線造成干擾，進而無法讓晶片上的電路正常運作。

為解決信號干擾問題，晶背供電技術就此應運而生。晶背供電技術就是在晶圓代工過程中，將信號線佈在晶圓的正面，電源線則佈在晶圓的背面，將信號線與電源線分流後，不僅將信號干擾問題加以解決，也能提升供電效能。更重要的是，為晶圓正面騰出空間讓晶片面積可以進一步縮小 10％至 15％，連帶地信號傳輸速度得以提升 10％至 12％。晶背供電技術將應用於 2 奈米製程，計劃 2025 年下半量產，由於效能提升的技術優勢，晶背供電將以高效能運算（HPC）為目標市場。

台積電（TSMC，2330.TW）於 2024 年所舉辦的技術論壇進一步提出晶背供電技術升級的超級電軌（Super Power Rail）技術，將應用於台積電 A16（1.6 奈米）製程，並於 2026 年下半導入量產，以資料中心為目標市場。

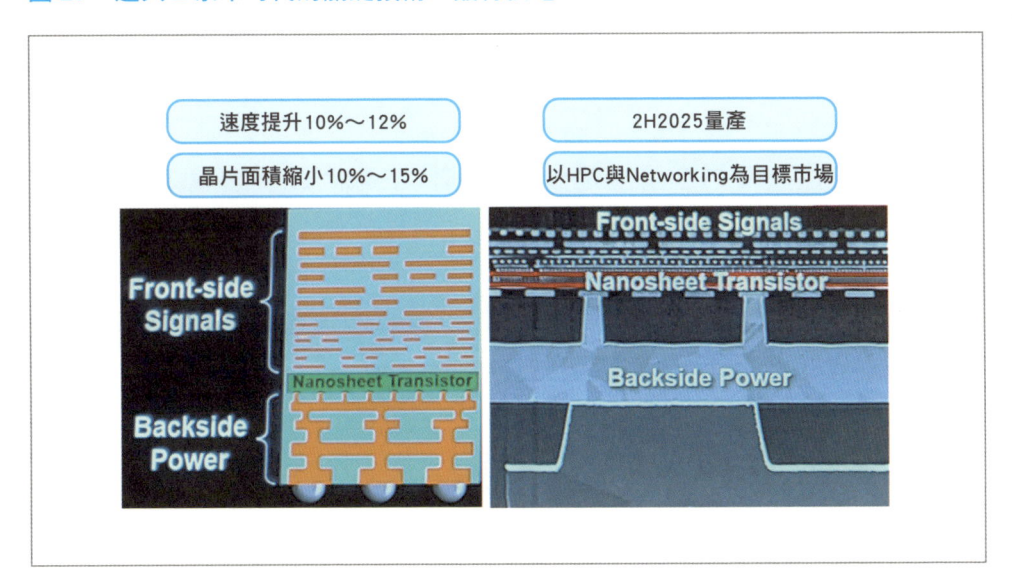

圖 27：進入 2 奈米時代的關鍵技術：晶背供電

資料來源：銀藏產經研究室，2024 年 7 月

28 得先進製程得天下？

微縮製程技術推進可說是攸關晶圓代工廠商競爭力重中之重，誰能夠在微縮製程技術上取得領先地位，誰就能夠在競爭激烈晶圓代工產業中取得優勢。

首先說明先進製程的定義，至 2024 年 8 月底止，以台積電為首的晶圓代工業者對先進製程定義為 7 奈米及其以下製程，包括 5 奈米、3 奈米等，皆屬於先進製程。

觀察台積電 2019 至 2023 年製程別佔營收比重，2019 年台積電來自 7 奈米製程營收比重達 27％，2020 年台積電將 5 奈米製程導入量產，並對營收產生貢獻，當年度台積電來自 7 奈米及 5 奈米製程營收比重合計達 42％。接下來連續 2 年台積電來自 7 奈米及 5 奈米製程營收比重持續攀升，2022 年 12 月台積電將 3 奈米製程導入量產，並對 2023 年營收產生貢獻，2023 年台積電來自 3 奈米製程營收比重達 6％，來自 7 奈米、5 奈米、3 奈米製程佔營收比重合計達 58％。易言之，台積電來自先進製程佔營收比重由 2019 年 27％逐年攀升至 2023 年 58％，非先進製程佔營收比重則被壓縮至 42％。

2023 年下半全球掀起一波人工智慧（AI）熱潮，AI 伺服器核心運算晶片更成為帶動 2023 至 2024 年全球半導體產業產值成長的重要推手。2023 年 AI 伺服器核心運算晶片多採 7 奈米與 5 奈米製程，2024 年次世代 AI 晶片則多半採用台積電 4 奈米製程。若是無法跨入先進製程，晶圓代工廠商根本無法享有 AI 所帶來的成長動能。

此外，2023 年蘋果（Apple）是台積電 3 奈米製程唯一客戶，主要生產手機晶片 A17 及 iMac 的 M3 晶片。2024 年包括聯發科與高通次世代手機晶片也將採用台積電 N3E 製程。2024 年台積電持續擴充 3 奈米製程產能，在 3 奈米製程帶動下，預估 2024 年台積電在晶圓代工市場全球市占率可望優於 2023 年。

反觀格羅方德（Global Foundries；GF）與聯電，於 2017 至 2018

年先後宣布放棄對先進製程的投資與研發，兩家公司最先進製程皆停留在 14 ／ 12 奈米世代。正因如此，才會錯過 AI 及智慧型手機的龐大商機。2012 年 GF 與聯電全球市占率尚可達到 13％、15％，但 2023 年 GF 與聯電全球市占率僅剩 7％、6％，這也說明了晶圓代工廠商真的是「得先進製程得天下」。

圖 28：2019 ～ 2023 年台積電製程別佔營收比重

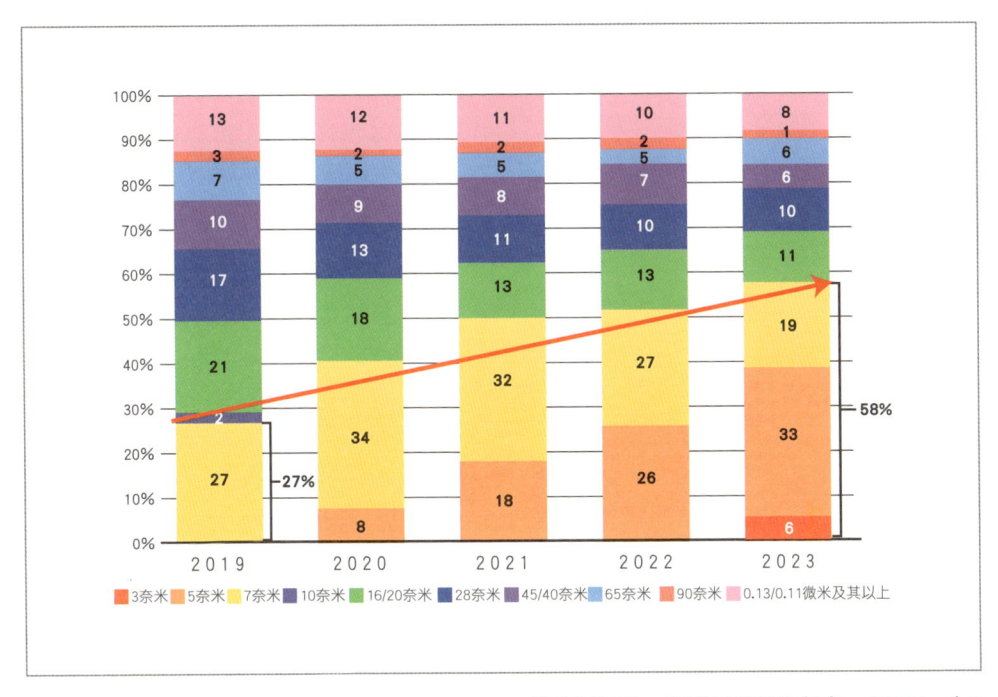

製程	2019	2020	2021	2022	2023
3奈米					6
5奈米		8	18	26	33
7奈米	27	34	32	27	19
10奈米	2				
16/20奈米	21	18	13	13	11
28奈米	17	13	11	10	10
45/40奈米	10	9	8	7	6
65奈米	7	5	5	5	6
90奈米	3	2	2	2	1
0.13/0.11微米及其以上	13	12	11	10	8

先進製程（7奈米以下）占比：2019 年 27％ → 2023 年 58％

資料來源：銀藏產經研究室，2024 ／ 7

29 台積電有形無形的王者策略

從營收排名與產能規模角度觀察，長年以來，台積電（TSMC，2330.TW）一直穩居全球晶圓代工產業龍頭地位。台積電能夠達到如此成就，台積電創辦人張忠謀先生認為台積電擁有三大有形優勢，分別為製程技術領先優勢、產能優勢及能為客戶提供最佳解決方案優勢。

首先，在製程技術領先優勢上，台積電每年都投入大量研發費用與人力進行研發，能在製程技術上取得領先優勢，目前也只有英特爾（Intel）與三星電子（Samsung Electronics）能並駕齊驅。主要原因在於其他競爭對手在先進製程研發完成後就立即導入量產，而不論良率高低；台積電則在先進製程研發完成後，會將良率調整至一定程度，才為客戶進行代工。這樣的策略造就客戶端對台積電的信任，進而提高與之合作的意願。

其次，在產能優勢方面，台積電每年都投入大量資本支出擴充產能，以滿足客戶投片需求。台積電 2024 年的年產能可望超過 1,200 萬片 12 吋晶圓，其中，7 奈米及其以下先進製程年產能更有機會突破 430 萬片 12 吋晶圓。擁有如此龐大產能規模，不僅競爭對手無法望其項背，亦是造就台積電高市占率重要原因之一。

在為客戶提供最佳解決方案優勢方面，台積電不僅是全球最大晶圓代工廠，同時也擁有眾多 IC 設計服務人才，要說台積電是世界最強大 IC 設計服務公司也不為過。當客戶將電路圖送至台積電進行代工，台積電亦能夠對電路圖進行優化調整，讓客戶在台積電生產的晶片達到面積最小、效能表現最佳，藉以達成降低客戶成本及提高產品競爭力的目標。

除了以上優勢外，還有一個無形的重要因素，就是長期恪守「台積電不與客戶競爭」、「台積電是 Everyone's Foundry」的核心價值。台積電是一家純晶圓代工廠（Pure Foundry），沒有自家 IC 設計部門，也沒有自己的晶片產品，所以不會與任何 IC 設計公司、整合元件廠（IDM）、系統廠商有競爭關係。正因如此，IC 設計大廠願意且放心

將最新、最先進產品交由台積電代工。

相較之下，台積電主要競爭對手英特爾與三星都是 IDM 廠，都擁有自家品牌與產品，雖然這兩家公司都宣稱已將晶圓代工部門獨立出來，與自家 IC 設計部門沒有任何關係，也不會與客戶競爭。即使如此，依然難以取得 IC 設計大廠的信任，亦無法將公司最高機密的新產品交由英特爾或三星代工。

圖 29：台積電致勝戰略：Everyone's Foundry

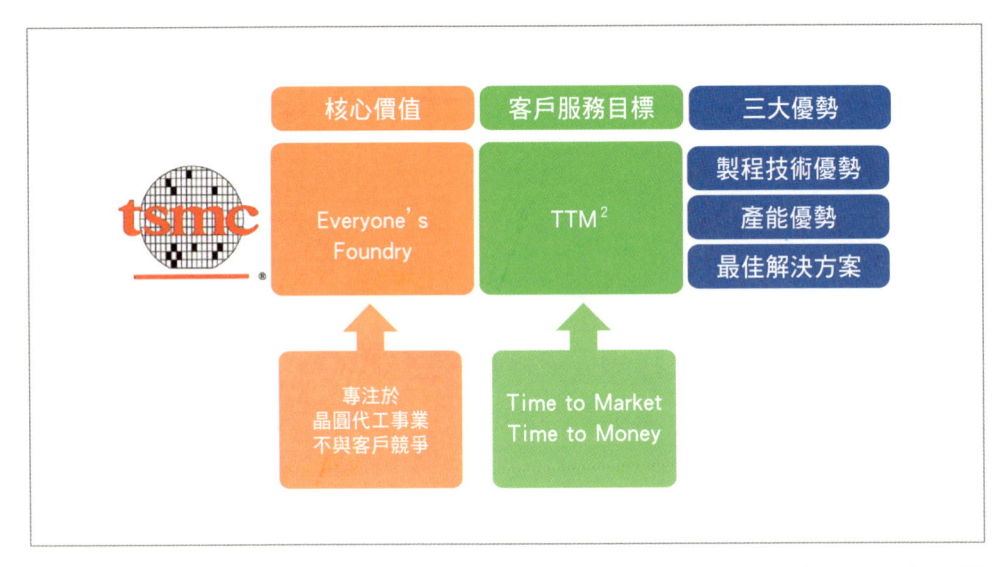

資料來源：銀藏產經研究室，2024 年 7 月

30 英特爾的 IDM 2.0 戰略

英特爾（Intel）執行長季辛格（Pat Gelsinger）於 2021 年 3 月提出「IDM 2.0」戰略，主要三大重點為：一、維持原本整合元件廠（IDM 1.0）大規模生產營運模式，結合晶片設計部門與晶片製造部門，如伺服器 CPU 等核心產品仍會留在自家製造。二、擴大委外代工訂單，將英特爾不擅長製造的產品，或是英特爾製程技術較不具成本競爭力的產品，皆委由台積電（TSMC，2330.TW）、聯電（UMC，2303.TW）、格羅方德（Global Foundries；GF）等晶圓代工廠商代工。三、新設立英特爾晶圓代工服務部門（Intel Foundry Service；IFS），重返晶圓代工市場，以美國與歐盟為主要目標市場，並以打造「世界級晶圓代工廠」為目標。

IDM 2.0 戰略最受市場關注之處在於擴大委外代工與重返晶圓代工市場，這也讓英特爾與台積電處於「亦敵亦友」的關係。一方面擴大與台積電合作，亦有可能成為台積電第一大客戶。另一方面，在晶圓代工市場與台積電處於競爭態勢，這不只在於客戶訂單與市占率的競爭，也代表先進製程技術的角逐。

為促使 IDM 2.0 戰略成功，英特爾做了許多努力。首先，英特爾宣布投資 200 億美元，在美國亞利桑那州設立兩座先進晶圓廠，除了生產自家產品外，將提供在英特爾 IFS 下單客戶生產所需的產能。為了能夠快速於晶圓代工市場取得成績，另一方面也希望以最短時間取得晶圓代工營運 Know-how，英特爾也曾先後計劃收購 GF 與 Tower Jazz 等晶圓代工廠，惟最終都以失敗收場。另外，英特爾不僅大力推動美國政府晶片法案，並從中獲得來自晶片法案資金補貼，英特爾也在德國建新廠，並獲得德國政府 100 億元資金支持。

為了能與台積電在晶圓代工市場競爭，最快方式就是效法台積電，英特爾也學習台積電，建立類似台積電「Open Platform」平台，並獲得許多 EDA 及 IP 業者認可及加入，希望透過這樣公開平台，取得與更多系統業者合作機會，並打破市場對英特爾「Intel = x86」（意指英

特爾只會生產自家 x86 架構晶片產品，不會生產其他晶片產品。）既有概念。

　　雖然季辛格希望透過 IDM2.0 戰略將英特爾從傳統整合元件廠轉型成世界級晶圓代工大廠，但現實挑戰依然非常嚴峻。根據英特爾 2024 年第 2 季所揭露財務數據顯示，晶圓代工服務部門仍處於虧損狀態，2023 年第 2 季至 2024 年第 2 季連續五個季度合計虧損 100 億美元。英特爾內部亦預估，要成功轉型，恐怕還要忍受四至五年的虧損。

圖 30：英特爾的 IDM 2.0 戰略

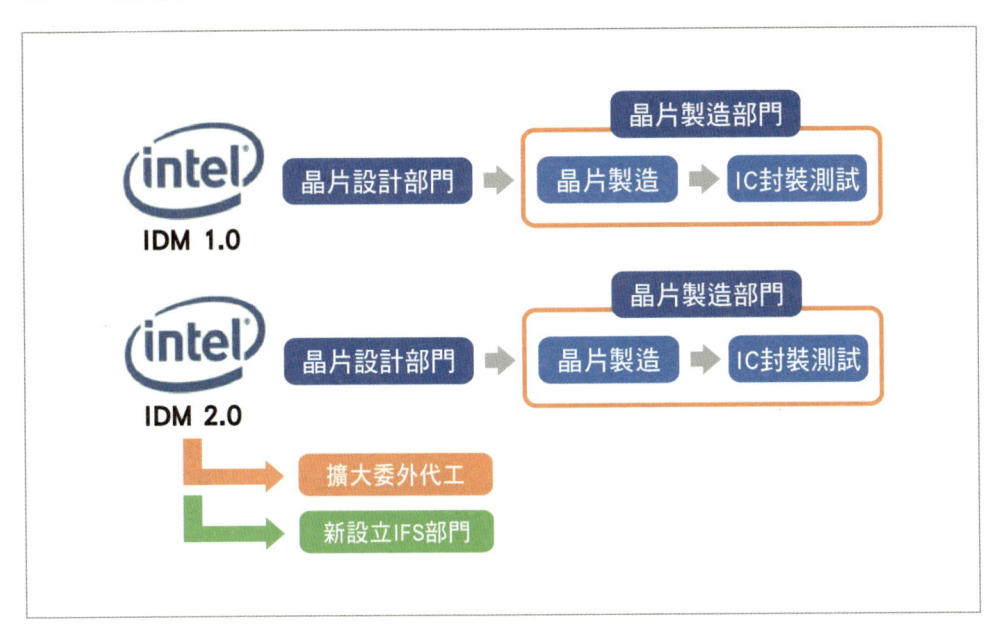

資料來源：銀藏產經研究室，2024 年 7 月

31 何謂 Foundry 2.0？

2024 年 7 月，台積電（TSMC，2330.TW）董事長魏哲家於第 2 季法人說明會宣布，要重新定義晶圓代工，提出「Foundry 2.0」概念。根據 Foundry 2.0 定義，就是把封裝、測試、光罩等等所有與邏輯 IC 製造相關的產業鏈成員都拉進來，讓整個 Foundry 產業的定義更完整和清晰。

從產業鏈角度進一步解釋，如果是根據晶圓代工，也就是 Foundry 1.0 定義，市場規模統計對象僅限於台積電、聯電（UMC，2303.TW）、格羅方德（GlobalFoundries）、中芯國際等純晶圓代工業者外，加上三星與英特爾的晶圓代工部門。Foundry 2.0 市場規模統計對象除原本 Foundry 1.0 統計對象外，還延伸至日月光（ASE，3711.TW）、艾克爾（Amkor）、力成（PTI，6239.TW）等 IC 封裝測試業者，加上台灣光罩等光罩業者，以及非記憶體製造的整合元件廠，這也就包括三星、英特爾、英飛凌（Infineon）、瑞薩（Renesas）、恩智浦（NXP）、意法半導體（STMicroelectronics）等扣除來自記憶體製造後的整合元件廠產值的總和。

由台積電於法說會上所揭露的統計數據，如果是根據 Foundry 1.0 定義，2023 年全球晶圓代工市場規模僅 1,150 億美元；但若依 Foundry 2.0 定義，2023 年全球晶圓代工產業規模將近 2,500 億美元。如以 Foundry 2.0 定義，2023 年台積電的全球市占率僅達 28％，而不是 Foundry 1.0 所定義市占率逾 60％。

台積電重新定義晶圓代工，並提出 Foundry 2.0，此舉可視為台積電提前因應未來各項風險，最大好處在於避免落入市場壟斷及出口關稅等風險。事實上，人工智慧（AI）市場於 2023 年下半興起，AI 伺服器最大晶片供應商輝達（NIVIDA）於 2024 年第 2 季就面對來自法國政府反壟斷調查，未來不排除美國與中國大陸政府也會參與其中。台積電當然會將這個事件看在眼中，並提出預防措施。

美國總統川普（Donald Trump）也在 2024 年 7 月接受外媒採訪時

表示：「台灣拿走美國 100％晶片事業。」內文直接質疑美國保護台灣多年，揚言要台灣付保護費。所以，台積電突然提出 Foundry 2.0，刻意讓台積電全球市占率由原先超過 60％大降至不及 30％，主要原因之一就是要防患於未然，減緩外界對其寡占與高度依賴所帶來的斷鏈風險疑慮。

圖 31：台積電的晶圓代工 2.0

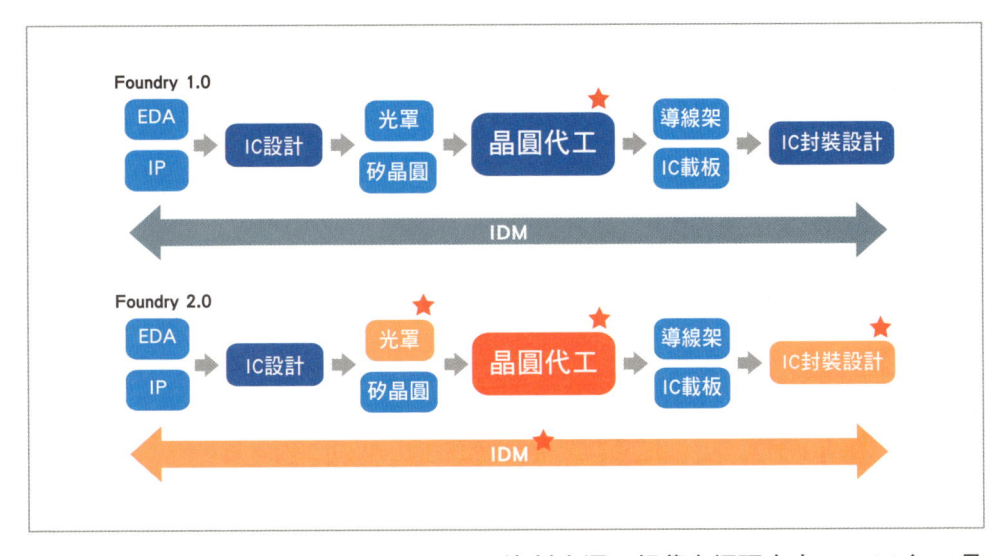

資料來源：銀藏產經研究室，2024 年 7 月

Chap.04

超越摩爾定律的重要推手－認識 IC 封裝

作者：柴煥欣

IC 製造產業希望透過先進製程向前推進的途徑提升效能、降低功耗，達到超越摩爾定律（More Moore）的目的。但在即將進入埃米時代的今日，每一代先進製程推進所需時間由原來 18 到 24 個月延長至現今 30 到 36 個月，已難滿足終端產品市場即時上市需求。因此，包括台積電、英特爾、三星電子等半導體大廠希望透過投入 IC 異質整合先進封裝技術的研發，滿足高效能、高整合、低功耗、低成本等需求，達到 More than Moore 的目標。

n   d   u   c   t   o   r

32　IC 封裝測試在做什麼？

　　IC 封裝測試主要分為封裝前測試、IC 封裝、IC 測試等三大部分。

　　晶圓從晶圓代工廠移至 IC 封測廠後，會先將晶圓放在測試平台，並使用底部有許多探針的探針卡與晶圓上每顆晶粒的電極接觸測試點接觸，並輸入電訊號測試 IC 的運作狀況，目的是要測試晶圓上每一顆晶粒的電性是否正常；如果該顆晶粒測試不正常，就會註記不進行後續封裝。

　　完成前段測試後，接著就進入 IC 封裝流程，會經過切割、黏晶、打線、封膠、印字等步驟，做成 IC 產品，以保護晶片不受外界環境影響。

　　晶圓切割是半導體製造過程中，將裸晶從晶圓上分離出來的過程。先將晶圓背面進行研磨使之變薄，並貼上膠帶，接著用切割機的圓盤型鑽石切割鋸片沿著晶粒邊緣進行切割，切割後的晶粒就會整齊的貼附在背面的膠帶上。

　　接著進行黏晶與打線，切割好的晶粒從膠帶取下來，就會被對準並貼附在晶粒基座的中央，這個基座可能是導線架或是 IC 載板。接著使用金線採銲接的方式將晶粒表面上的電極與導線架的引腳或 IC 載板的接點加以連接。

　　將打好線的晶粒與導線架放入模具中，把融化的環氧樹脂灌入模具，冷卻後就會硬化成模具的形狀，形成晶片的塑膠外殼，用來隔絕外界環境影響，達到保護 IC 的作用。最後，就使用油墨印刷或雷射刻字方式，將公司名稱、商標、產品名稱、產品編號、製造日期等資訊印在 IC 黑色外殼表面，整個 IC 封裝步驟就此完成。

　　將封裝完成的 IC 放入測試設備測試晶片是否能正常執行該有的功能，確認輸出訊號是否正常，這就是電性功能測試的目的。接著使用外觀檢查機針對晶片外觀，包括引腳彎折狀況、印字是否清晰、外殼是否有損傷等部分進行外部檢查，這是品質管理的最後一個步驟。完

成後 IC 就可以包裝出貨。

圖 32：IC 封裝測試流程

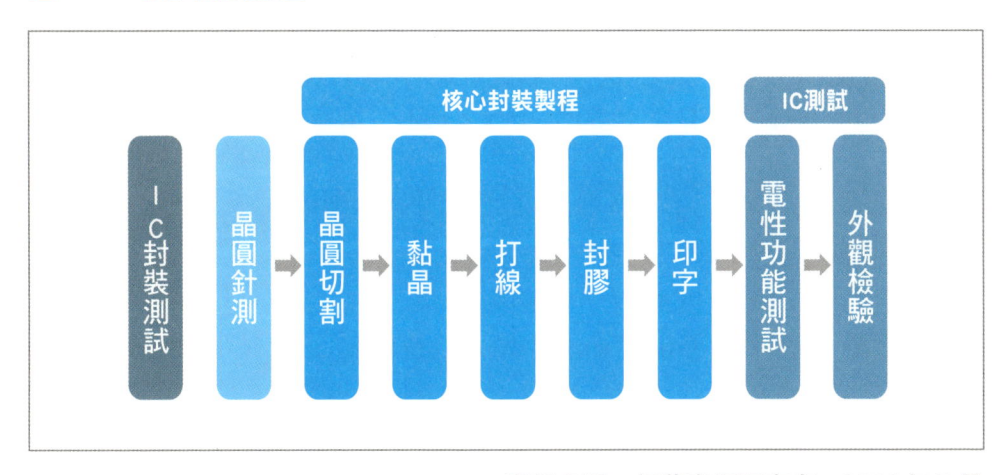

IC封裝測試 → 晶圓針測 → 【核心封裝製程：晶圓切割 → 黏晶 → 打線 → 封膠 → 印字】 → 【IC測試：電性功能測試 → 外觀檢驗】

資料來源：銀藏產經研究室，2024 年 7 月

33 從短小輕薄到異質整合—IC 封裝技術演進

在智慧型手機、物聯網等終端產品朝高效能、低成本、低功耗及小面積等產品要求發展情況下，晶圓代工業者雖依循摩爾定律（Moore's Law）朝更先進製程持續投入研發，但在摩爾定律推進速度放緩情況下，為滿足終端市場高整合與即時上市的要求下，IC 封裝技術推陳出新扮演舉足輕重的角色。

由封裝基材的角度觀察，IC 封裝由原先的導線架封裝，進展至以球柵陣列封裝（Ball Grid Array；BGA）技術為主的 IC 載板封裝，封裝技術演進至覆晶封裝技術的同時，金凸塊（Bumping）技術也取代打線技術進行 IC 內部封裝。

實際上，台積電（TSMC，2330.TW）於 2011 年下半推出矽穿孔（Through Silicon Via；TSV）2.5D 的 CoWoS（Chip on Wafer on Substrate）製程技術，並為賽靈思（Xilinx）的現場可程式化邏輯閘陣列（Field Programmable Gate Array；FPGA）與超微（AMD）的繪圖卡核心晶片進行代工，IC 封裝技術也正式進入採用矽中介層（Interposer）的 2.5D 封裝技術，矽中介層讓輸入輸出（Input／Output；I／O）腳數快速提升，IC 產品效能也隨之提升。

但 CoWoS 的 IC 面積相對偏大，加上製造成本相對偏高，因此，台積電於 2014 年推出採用不用載板的扇出型晶圓級封裝（Fan-out Wafer level Package；FOWLP）技術的整合型扇出型封裝（Integrated Fan-out；InFO）解決方案。

由封裝結構的角度觀察，由小尺寸封裝（Small Outline Package；SOP）、四方平面無引腳封裝（Quad Flat No Lead Package；QFN）等單晶片封裝，發展至多顆晶片封裝在同一顆 IC 內的系統級封裝（System in Package；SiP）、層疊封裝（Package on Package；PoP）等仍以打線方式進行晶片堆疊連結的多晶片封裝，乃至 2.5D 封裝技術及扇出型晶圓級封裝等高整合先進封裝技術，及未來異質整合矽穿孔 3D IC，IC 封裝技術除朝高整合方向發展，以達到小面積與即時上市的目標外，

透過矽中介層、薄膜、矽穿孔等技術，也能提高 IC 效能。

圖 33：從短小輕薄到異質整合—IC 封裝技術演進

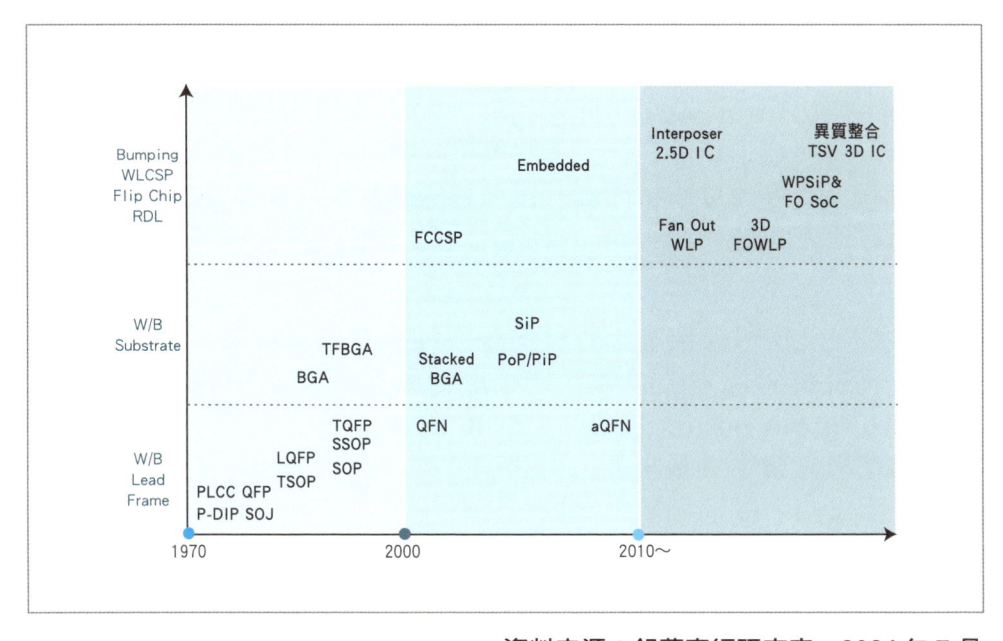

層級	1970		2000		2010～	
Bumping WLCSP Flip Chip RDL			Embedded		Interposer 2.5D IC	異質整合 TSV 3D IC
			FCCSP		Fan Out WLP	WPSiP & FO SoC
						3D FOWLP
W/B Substrate		TFBGA BGA	Stacked BGA	SiP PoP/PiP		
W/B Lead Frame	PLCC QFP P-DIP SOJ	LQFP TSOP	TQFP SSOP SOP	QFN	aQFN	

資料來源：銀藏產經研究室，2024 年 7 月

34 從傳統封裝到先進封裝（一）：導線架封裝

　　導線架封裝是傳統的 IC 封裝技術，除 IC 元件外，導線架封裝亦普遍應用在功率元件及光學元件封裝，2000 年後由於數位相機、行動電話等可攜式電子產品日漸普及，除短小輕薄等技術發展方向外，對 IC 效能提升也多所要求，因此，很多導線架封裝技術產品逐漸被 IC 載板技術取代。即使如此，時至今日，導線架封裝技術依然佔有相當重要地位。

　　導線架又稱引線架，主要材料銅或鐵鎳合金，主要兩大功能為承載晶片，及將晶片內部訊號透過引腳傳輸至外部連接的印刷電路板（Printed Circuit Board；PCB）。在 IC 封裝過程中，晶片就會被對準並黏貼在導線架中央基座上，再透過打線將晶片與導線架的引腳連接起來，而這些引腳則鑲嵌在印刷電路板上，晶片則透過金線及引腳將訊號進行輸入、輸出。簡單的說，導線架就是晶片與印刷電路板連接與溝通的橋樑。

　　在 1970 至 2000 年代，晶片架構相對簡單，對效能要求不高，導線架引腳多分布在 IC 兩側，腳數也偏低，封裝完成後的 IC 外觀就是中央是黑色塑膠方塊，兩邊則是排列整齊的引腳，看起來就如同一隻蟑螂。

　　然而，隨晶片架構日趨複雜，對訊號傳輸頻度要求日益增加，導線架引腳數量越做越多、越做越密，甚至引腳分布也從 IC 兩側進化到 IC 四周。引腳的功能就是負責將 IC 內部晶片訊號輸出輸入（I／O），I／O 數越多，IC 效能越好，使得導線架封裝技術朝多腳數演進，也就出現 P-DIP、SOJ、TSOP、SOP、SSOP 等不同導線架封裝技術。

　　2000 年後，隨著 IC 載板封裝技術出現，許多 IC 產品都改採 IC 載板封裝。為與之抗衡，導線架也發展出封裝後面積更小、更輕薄，且無引腳的四方平面無引腳封裝技術（Quad Flat No Lead Package；QFN）。QFN 將原本外露可見的引腳往內縮，直接嵌在基板上，優點是訊號傳輸效率更佳、更穩定，在搬運與製作過程中，不會有引腳受

損問題。與 IC 載板相較，QFN 技術也具有成本優勢。

圖 34：從傳統封裝到先進封裝（一）：導線架封裝

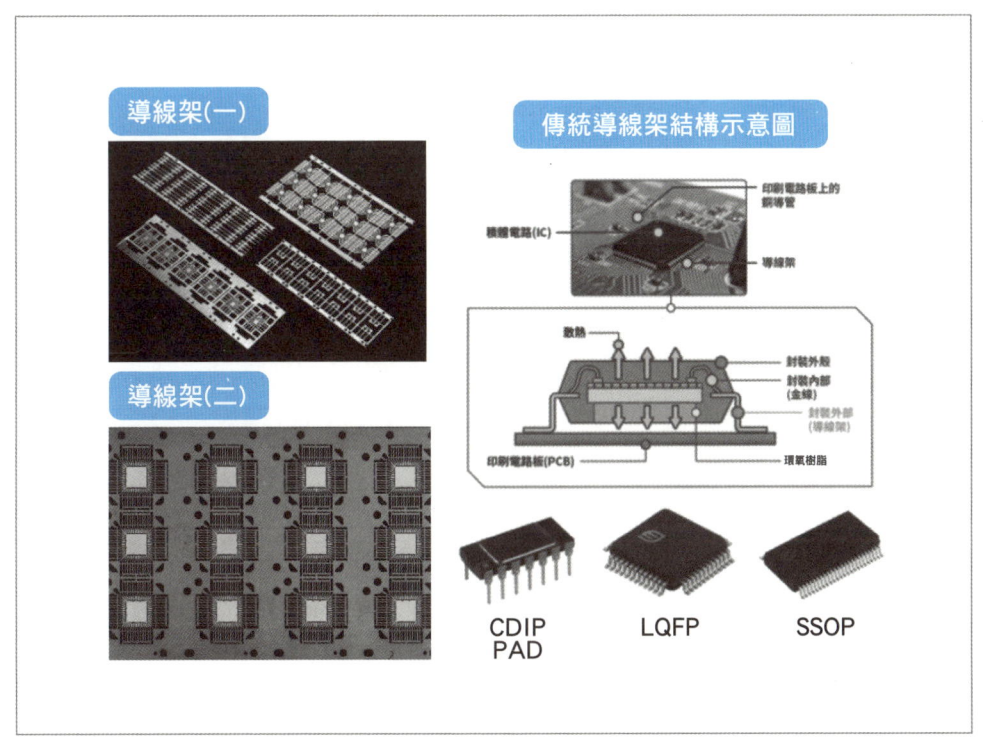

資料來源：銀藏產經研究室，2024 年 7 月

35 從傳統封裝到先進封裝（二）：IC 載板封裝

　　1990 年代末期，隨可攜式電子產品輕薄短小需求度日高，加上晶片架構複雜度提高，IC 載板封裝技術逐漸取代導線架封裝。IC 載板主要材料為銅箔、樹脂基板、固態光阻劑、液態光阻劑及金屬材料等。材料與製造方式與印刷電路板相似，但在佈線密度、線路寬度等要求均較印刷電路板高。

　　IC 載板依其材質可分為雙馬來醯亞胺三嗪樹脂（Bismaleimide Triacine；BT）與高頻環氧樹脂（Ajinomoto Build-up Film；ABF）兩種。BT 材質含玻纖紗層，不易熱脹冷縮、尺寸穩定，材質硬、線路粗，通常用於手機、網通及記憶體產品。ABF 材質線路較精密、導電性佳，能夠有效提升晶片效能，廣泛應用在 PC 產品。

　　IC 載板技術主要分成二個部分，一為晶片與載板連結的技術，另一為載板與印刷電路板連結的技術。

　　晶片與載板連結的技術可分為打線（Wire Bond；WB）封裝與覆晶（Flip Chip；FC）封裝。打線封裝與導線架封裝的技術相同，就是將晶片對準黏貼在 IC 載板中央基座上，再透過打線將晶片與 IC 載板連接起來。覆晶封裝則是將晶片正面植入金屬凸塊，再將晶片正面翻轉過來，以凸塊與 IC 載板進行連結。凸塊以陣列型態分布在晶片正面，可以產生的訊號接點遠大於打線封裝，因此有利於 IC 效能提升。載板與印刷電路板連結的技術主要為球閘陣列封裝（Ball Grid Array；BGA）。球閘陣列封裝是在載板底部以陣列形狀以焊接方式植入許多錫球錫球陣列替代傳統金屬導線架引腳與印刷電路板連接。由於在載板底部佈滿錫球，I／O 數大幅增加，效能也較導線架封裝明顯提升。因為以錫球取代引腳，以外觀來看，用載板封裝的 IC 是黑色的塑膠方塊。

　　另外，當封裝完的 IC 面積與裏面的裸晶面積接近 1：1，一般是指 IC 面積僅達晶片面積 1.5 倍，該 IC 載板封裝則能稱為晶片尺寸封裝（Chip Scale Package；CSP）。晶片尺寸封裝的優點在於 IC 面積縮小，

有利封裝成本下降，適用於可攜式電子產品與物聯網應用產品。

圖 35：從傳統封裝到先進封裝（二）：IC 載板封裝

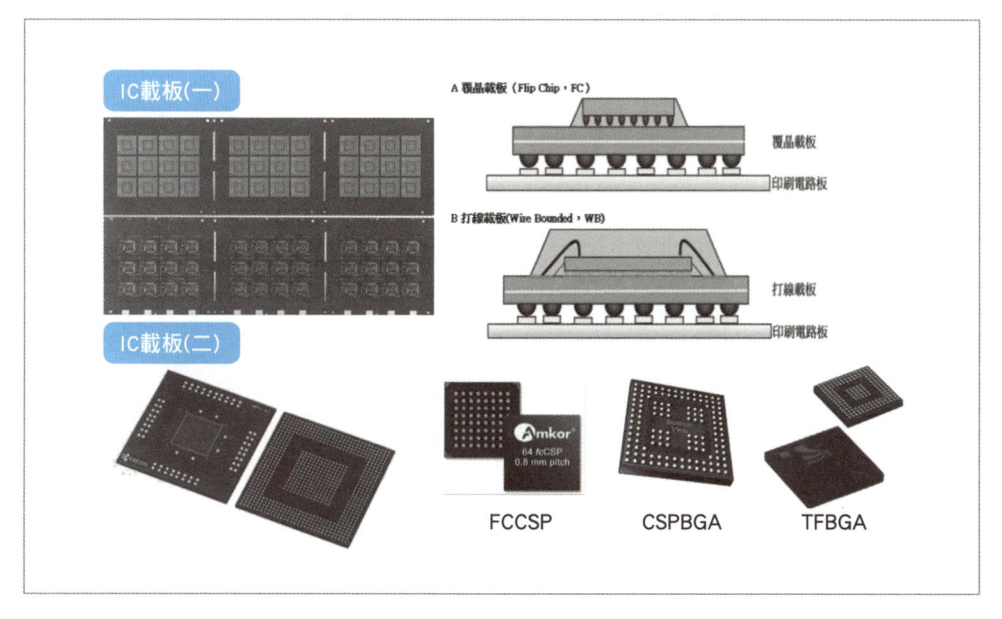

資料來源：銀藏產經研究室，2024 年 7 月

36 從傳統封裝到先進封裝（三）：系統單晶片

　　系統單晶片（System on Chip；SoC）其實屬於前段IC製造技術，而不屬於後段IC封裝技術，但該技術是目前半導體「異質整合」的主流技術，為能與透過IC封裝達到異質整合或多晶片封裝技術進行比較，因此將系統單晶片技術放在本章進行討論。

　　系統單晶片是將包括如數位電路、記憶體、混合訊號，或是感測器元件等各種不同功能與類別的電路設計整合在單一顆晶片上；簡單的說，就是能用一顆IC同時取代多顆IC，有效降低IC封裝成本，更能有效節省產品面積，非常符合終端市場短小輕薄的產品要求。

　　也因為系統單晶片是將各種不同電路放在同一顆晶片，有別於多顆不同電路IC散置於印刷電路板上，並透過印刷電路板進行連結，或是其他採多顆晶片堆疊並用打線方式加以連結的異質整合IC封裝技術，系統單晶片的訊號走的是內部電路，因此具有提升系統效能及低功耗等技術優勢。

　　但也因為系統單晶片是採2D架構進行設計，就如同在開放平原上建多棟不同房屋般，與其他如蓋高樓大廈般採3D架構將多顆晶片垂直堆疊的IC封裝技術相較，系統單晶片的面積仍相對較大。

　　雖然系統單晶片是將各種不同電路元件整合在一顆晶片之上，仍有其諸多設計上的限制，例如類比電路與邏輯電路的製程差異，無法整合於同顆晶片之上，射頻元件則因通電後會產生信號干擾問題，也不能整合在同一晶片之中，也就是說，不是所有電路都可以整合在同一晶片之上。

　　除此之外，系統單晶片雖然整合不同電路元件於同顆晶片之上，但在IC製造過程中就必須採用相同製程設計與製造，大幅提高設計難度、設計時間，及設計成本，亦不利於IC製造時良率表現，更重要的是很難滿足終端客戶即時上市（Time to Market）的要求，這也是系統單晶片目前最為人詬病之處。

圖 36：從傳統封裝到先進封裝（三）：系統單晶片

SoC為2D整合型晶片，是將各種不同類型與功能的元件整合在同顆晶片上，以支應整體系統運作之所需。

優點
- 低耗電
- 節省後段封裝成本

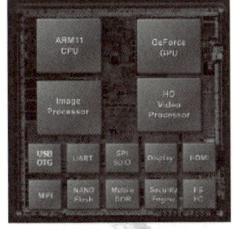

缺點
- 設計難度最高
- 面積較大
- 異質整合彈性最低

資料來源：銀藏產經研究室，2024 年 7 月

37 從傳統封裝到先進封裝（四）：系統級封裝

　　從高度整合技術發展方向觀察，由於系統單晶片（SoC）是將各種不同元件整合在一顆晶片上，但將不同類型電路整合在同一晶片上，設計難度將隨晶片複雜度提升而同步升高，設計時間也會拉長。因此，設計難度、設計時間及設計成本，皆因晶片複雜度提升與先進微縮製程的導入而呈現跳躍性增加，很難達到即時上市的要求，因此，才發展出以封裝技術為主軸，進行晶片堆疊的系統級封裝（System in Package；SiP）技術。

　　透過系統級封裝技術，可將類比元件、數位元件、感測元件、微機電（MEMS）、射頻（RF）等各類半導體元件封裝在同一顆IC之中，且各元件間仍能維持實質獨立狀態，可避免遇到將類比電路與數位電路整合於同一顆晶片設計上的困難，或是射頻元件與其他元件整合時所發生的干擾問題，甚至是如0.18微米、65奈米、28奈米等不同微縮製程製造的晶片都能夠予以堆疊並封裝於同一顆IC中。

　　由於是採晶片堆疊，再透過封裝技術予以整合，因此，系統級封裝設計難度大幅下降，為各種整合技術中異質整合程度最高的一種技術，也因為設計難度下降，讓即時上市的要求獲得解決。

　　系統級封裝是透過打線的方式，靠導線與IC載板來傳輸堆疊晶片間的訊號，若堆疊晶片層數較多時，連接上層晶片導線就必須拉長，增加傳輸路徑長度，傳輸速度較慢。

　　其他整合技術的各元件間則都是以內部訊號進行傳輸，以外部訊號傳輸的系統級封裝其效能自然無法與其他整合技術比較，也因為訊號是以導線傳輸，系統級封裝的耗電量也較其他技術為高。

　　此外，由於晶片尺寸可能會大小不一，但在堆疊晶片層數較多時，有時會在中間插入中介層，以增加晶片堆疊時的穩定性，也因此，系統級封裝的IC厚度與其他整合性技術相較，也屬於最厚者。

圖 37：從傳統封裝到先進封裝（四）：系統級封裝

SiP是將不同晶片以2D或3D方式接合到整合型基板的封裝方式，由於各元件仍維持獨立狀態，可避免許多設計上的難題。

優點
・設計難度最低
・產品良率最高
・異質整合彈性最大

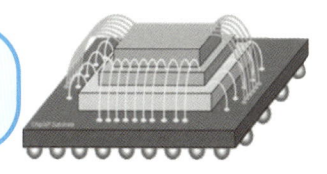

缺點
・訊號傳遞速度最慢
・耗電量高
・產品厚度最厚

資料來源：銀藏產經研究室，**2024 年 7 月**

38 從傳統封裝到先進封裝（五）：矽穿孔 3D IC

與系統單晶片（SoC）、系統級封裝（SiP）相較，矽穿孔（Through Silicon Via；TSV）3D IC技術就是在晶圓上以刻蝕或雷射的方式鑽孔，再將如銅、多晶矽、鎢等導電材料填入鑽孔中，進而形成導電通道，接著再經過晶圓薄型化過程後，最後再將薄型化的晶圓或晶粒堆疊、結合而成為 3D IC。矽穿孔 3D IC除採用垂直導通製程強調異質整合優勢外，與系統級封裝相同，也可將不同類型、不同微縮製程的晶片加以堆疊，因此，即時上市與設計彈性的表現皆僅次於系統級封裝。

矽穿孔技術的訊號是透過鑽孔後導電通道進行傳輸，因此，連接路徑較系統單晶片、系統級封裝更短，使得上下層晶片間傳輸速度更快、雜訊更小，使得 IC 效能獲得有效提升。

此外，矽穿孔 3D IC不僅可以縮小 IC面積，並減少 IC 使用顆數，能有效縮減終端產品體積，並達到低耗能要求，而異質整合特性不僅可以達到高度整合要求，與系統單晶片相較，設計難度下降，也能夠滿足即時上市要求。

同樣是垂直堆疊不同晶片的異質整合，但矽穿孔 3D IC與系統級封裝的技術概念完全不同。系統級封裝是承載不同電路的不同晶片透過垂直堆疊及打線整合成一個系統，封裝在一顆 IC 中，但內部終究是多個電路，而非單一電路。矽穿孔 3D IC是直接在晶圓上鑽孔後注入導電物質，再進行不同晶片精準垂直堆疊，將不同電路透過矽穿孔連結型成單一電路，簡單的說，就是將多顆晶片透過矽穿孔技術構成單一電路，可以說是 3D 版系統單晶片。

所以，矽穿孔 3D IC最大的挑戰於在如何在不破壞電路的前題下進行矽穿孔，並將不同晶片整合成單一電路，IC 設計業者仍處於研發階段。而且目前 EDA多還停留在 2D 概念，對於 3D IC所能提供的設計工具仍相當不完備，這也正是雖然矽穿孔 3D IC 技術已出現超過 10 年以上時間，但仍無法設計出多層異質整合 IC 重要原因。

然而，矽穿孔 3D IC 技術卻在同質整合產品卻已成熟且普遍應用，其中，近年在人工智慧浪潮下，高頻寬記憶體（High Bandwidth Memory；HBM）就是將多顆繪圖用 DRAM 垂直堆疊並用矽穿孔 3D IC 技術加以整合的產品。換言之，矽穿孔 3D IC 在高容量同質整合的 IC 產品是具有技術優勢。

圖 38：從傳統封裝到先進封裝（五）：矽穿孔 3D IC

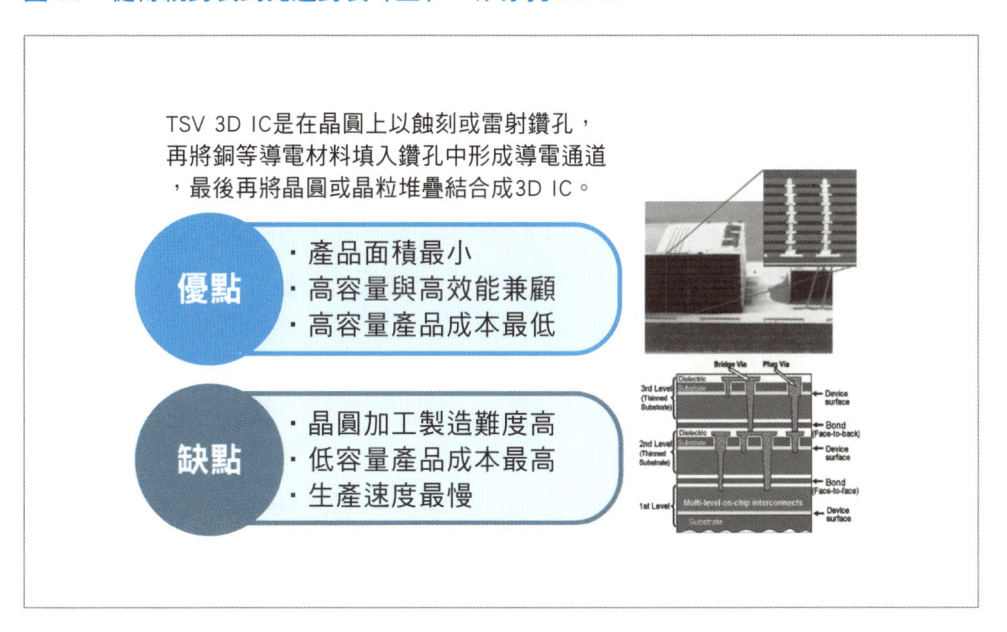

TSV 3D IC是在晶圓上以蝕刻或雷射鑽孔，再將銅等導電材料填入鑽孔中形成導電通道，最後再將晶圓或晶粒堆疊結合成3D IC。

優點
・產品面積最小
・高容量與高效能兼顧
・高容量產品成本最低

缺點
・晶圓加工製造難度高
・低容量產品成本最高
・生產速度最慢

資料來源：銀藏產經研究室，**2024 年 7 月**

39 系統單晶片、系統級封裝、矽穿孔 3D IC比較

半導體IC產品技術往高度整合、異質整合方向發展已成必然趨勢，系統單晶片（SoC）、系統級封裝（SiP）、矽穿孔（TSV）3D IC等IC三大異質整合技術其實各勝擅場，並沒有絕對孰優孰劣的問題。

系統單晶片是將多個電路整合在單一晶片上，各電路之間走的是內部訊號，有利於晶片效能的表現和降低功耗。但由於不同電路放在同一顆晶片上，各電路必須使用相同製程，且晶片設計上也有諸多限制，所以晶片異質整合度最低，反而提升IC設計難度與增加研發時間，難以滿足客戶即時上市需求，通常適合量大且生命週期長的產品。

系統級封裝是多顆晶片垂直堆疊，再透過打線方式將各晶片加以連結，由於走的是外部訊號，不利於效能提升與功耗降低。但將不同電路放在不同晶片上，沒有製程上的限制，設計難度與研發時間最低，可以滿足客戶即時上市需求，異質整合程度最高，適合生命週期較短的可攜式或消費性電子產品。

矽穿孔3D IC也是將多顆晶片垂直堆疊，透過矽穿孔技術將各層晶片加以連結，頻寬因為矽穿孔而增加，在IC效能提升與功耗下降表現最為突出，異質整合也具有彈性。然而，目前EDA工具尚不完備，IC設計環境亦不夠健全，IC製造端還有良率的考驗，但在未來技術環境改善與成熟後，將會是中高階異質整合最佳解決方案。

如果我們用建築的角度來看以上三大異質整合技術，系統單晶片如同在一間大面積的平房內隔出多個房間，電訊移動就如同住戶在各房間移動一般，移動距離相當短。系統級封裝就如同蓋高樓一般，但各樓層間的移動則要依靠高樓外的逃生梯，雖然建築成本較低，但各樓層間移動速度較慢。矽穿孔3D IC就如同蓋高樓一般，各樓層間則依靠建在大樓內的電梯進行聯繫，移動方便快速，但建築成本相對偏高。

表 39：SoC、SiP、TSV 3D IC 比較

	系統單晶片 (SoC)	系統級封裝 (SiP)	矽穿孔 (TSV)
節能	Good	Low	Good
效能	Fair	Low	Good
高容量產品成本	Low	Fair	Good
低容量產品成本	Good	Fair	Low
異質整合	Low	Good	Fair
生產速度	Fair	Good	Low
設計資源再利用	Low	Good	Fair
研發時間	Low	Good	Fair
最適產品	量大且生命週期長的產品	即時上市與高異質整合的產品	記憶體與高異質整合的邏輯產品

資料來源：銀藏產經研究室，2024 年 7 月

40 人工智慧的重要推手：CoWoS

　　台積電（TSMC，2330.TW）於 2011 年下半推出矽穿孔 2.5D 的 CoWoS 製程技術。台積電的 2.5D 技術是在晶片與基板間插入一層矽中介層（Silicon Interposer）。先在矽中介層進行直徑 10 到 12 微米的矽穿孔，之後則在矽中介層上以 65／55 奈米製程進行化學沈積與蝕刻等半導體前段製程構成電路，再以微凸塊（Micro Bumping）技術將晶片以併排方式與中介層電路加以連結。

　　與將許多半導體元件整合於同一顆晶片的系統單晶片（SoC）技術相較，台積電 CoWoS 技術是將不同晶片以並排方式以中介層進行連結，不僅晶片設計難度大幅下降，信號傳輸速度亦不會下降，良率表現則優於 SoC。

　　與並排式的系統級封裝技術相較，台積電 CoWoS 解決方案不僅讓晶片與晶片間距離進一步拉近而使 IC 面積能夠縮小，晶片與晶片間及晶片與基板間訊號傳輸是以內部訊號，在傳輸效率與低耗能表現皆優於系統級封裝。

　　然而，若與垂直堆疊的層疊封裝（PoP）與系統級封裝解決方案相較，台積電 CoWoS 解決方案由於是走內部訊號，因此效能與低功耗表現上優於層疊封裝與系統級封裝，但由於採用矽中介層與矽穿孔技術，製造成本遠高於層疊封裝與系統級封裝。此外，台積電 CoWoS 解決方案晶片是以並排方式將晶片排在矽中介層上，因此，IC 面積也大於層疊封裝與系統級封裝的解決方案。

　　台積電推出 CoWoS 技術後持續推陳出新。第一代 CoWoS 產品是為賽靈思（Xilinx）代工製造的四顆並排的現場可程式化邏輯閘陣列（FPGA）晶片同質整合的解決方案。台積電第二代 CoWoS 製程解決方案為 AMD 代工的一組 HBM 再連結 GPU 的繪圖加速卡的異質整合解決方案。

　　2016 年上半台積電推出採 CoWoS 技術的一顆 16 奈米製程邏輯

運算晶片再結合四組 HBM2 的異質整合 HPC 平台，這也正是現在台積電人工智慧伺服器核心運算晶片解決方案的雛型。2023 年輝達（NVIDIA）的 A100、H100 與超微（AMD）的 MI300X 等人工智慧伺服器解決方案都是採用結合八顆 GPU 加上八組 HBM3 的 CoWoS 技術，易言之，為提升人工智慧算力，CoWoS 將朝大面積的技術方向發展。

依據台積電技術藍圖，次世代 CoWoS 除結合十二顆邏輯運算晶片再加上十二顆 HBM3e 或 HBM4 外，也將採用重佈線層（Redistribution layer；RDL）薄膜技術取代矽中介層，這將有效降低 CoWoS 解決方案的成本。

圖 40：人工智慧的重要推手：CoWoS

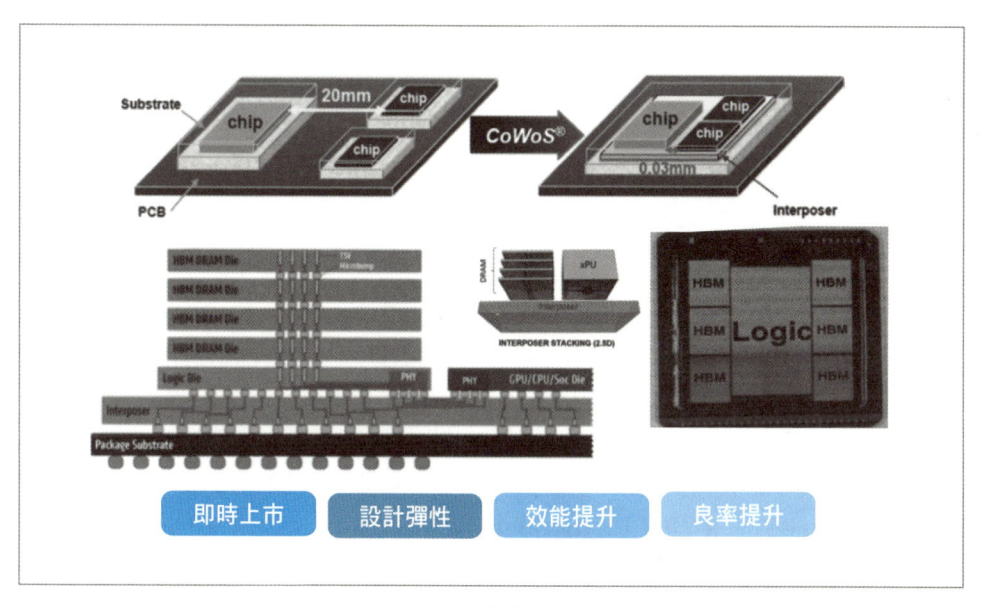

資料來源：銀藏產經研究室，2024 年 7 月

41 台積電吃蘋果的重要技術：InFO

台積電（TSMC，2330.TW）2.5D CoWoS 技術雖具備高效能與高頻寬、多晶片整合、具設計彈性等優點，但在多顆異質晶片整合上仍須採用並排方式將晶片放在矽中介層上，IC 面積相對偏大，加上製造成本相對偏高，因此，台積電於 2014 年推出採用扇出型晶圓級封裝技術的整合型扇出型封裝（Integrated Fan-Out；InFO）解決方案。

2015 年，三星（Samsung Electronics）和台積電分頭生產蘋果（Apple）iPhone 使用的 A9 處理器；三星端出 14 奈米技術生產晶片，台積電用的是 16 奈米和整合型扇出型封裝技術。結果，三星版晶片續航力反不如台積電版，台積電擠下三星獨吃蘋果訂單。

整合型扇出型封裝將良裸晶粒（Known Good Die；KGD）的重構晶圓放在載體上，並經過晶圓級壓縮成型，再使用薄膜技術進行重佈線路製程（Redistribution Layer；RDL），進行晶圓級組件分拆製程。整合型扇出型封裝基本上屬於晶圓級封裝（Wafer Level Package；WLP），具有 IC 面積較小的優勢，此外，與 CoWoS 相較，整合型扇出型封裝具有整合能力更高與低成本的競爭優勢。

實際上，並不是只有台積電推出扇出型晶圓級封裝解決方案，包括日月光（ASE，3711.TW）、艾克爾（Amkor）、意法半導體（STM）、英飛凌（Infineon）、恩智浦（NXP）等封測廠與整合元件廠（IDM）也都推出自家的解決方向，包括 eWLP（embedded Wafer Level Package）、RCP（Redistributed Chip Package）、WLFO、FOPoP（3D Fan Out Wafer Level PoP）等。儘管各 IC 製造廠商扇出型晶圓級封裝的解決方案名稱各有不同，但封裝架構卻不會相差太多。

由於整合型扇出型封裝是以薄膜技術的重佈線層取代 IC 載板，因此，採整合型扇出型封裝的 IC 厚度比採用載板的覆晶封裝與層疊封裝（PoP）的 IC 厚度更薄。整合型扇出型封裝是採晶圓級封裝技術，封裝後的 IC 面積與晶片面積相當接近，因此，採整合型扇出型封裝的 IC 面積將明顯小於採載板封裝 IC 的面積。

載板與晶片的連結及載板與印刷電路板間會因為熱脹冷縮等物理因素影響而發生應力拉扯，甚至出現脫層現象。整合型扇出型封裝因為消除晶片與載板間的連結，因此沒有應力與脫層的問題。

　　整合型扇出型封裝在晶片周圍重佈線層上就能夠採內嵌（Embedded）技術將被動元件整合上去。此外，整合型扇出封裝未來將結合系統級封裝（SiP）與晶圓級封裝（WLP）技術，甚至是3D IC技術，朝次世代晶圓級系統級封裝（Wafer Level System in Package；WLSiP）封裝技術發展，半導體元件的整合度也將明顯提升。另外，由於整合型扇出型封裝以重佈線層取代載板，這也消除了晶片與載板及如打線及凸塊等其他連結，縮短了訊號傳輸距離，因此能夠獲得較佳的電性及效能。

圖 41：台積電吃蘋果的重要技術：InFO

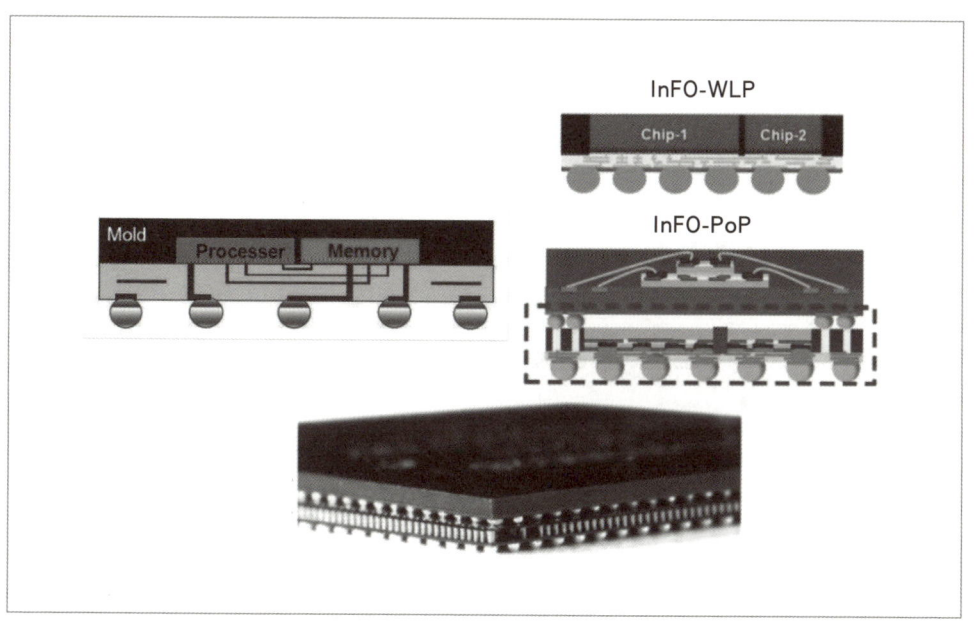

資料來源：銀藏產經研究室，**2024 年 7 月**

42　CoWoS 終極進化版：SoW

　　誠如前面 CoWoS 章節所述，台積電於 2011 年下半將 CoWoS 技術導入量產後，持續投入研發並推陳出新，至 2023 年推出結合八顆 GPU 加上八組高頻寬記憶體（HBM3）的 CoWoS 版本，台積電亦預計將於 2026 年推出升級版的 CoWoS 解決方案，不僅結合多顆邏輯運算晶片及 12 組 HBM，載板面積由原先 80mm*80mm 成長至 100mm*100mm，算力也為前一代版本 3.5 倍。2027 年台積電將再推出採 12 組 HBM，但能容納更多邏輯運算晶片的 CoWoS 版本，載板面積進一步擴張至 120mm*120mm，算力亦為 2023 年版本的 7 倍。

　　台積電亦於 2024 年技術論壇發布系統級晶圓（System on Wafer；SoW），該技術能在晶圓上承載更多電晶體，讓運算效能大幅提升。系統級晶圓將測試後的邏輯晶片放置在載體晶圓上，再透過 InFO 技術建構高密度的重佈線層（RDL）薄膜，用以連接載體晶圓上的邏輯晶片，藉此提高頻寬與效能，讓所有邏輯晶片緊密結合，猶如整合成一顆大型邏輯晶片。

　　CoWoS 是將多顆邏輯晶片與多顆高頻寬記憶體放在矽中介層上，進而結合成高效能、高整合的系統。系統級晶圓則是整合 12 吋晶圓上的所有邏輯晶片，再結合外圍多顆高頻寬記憶體成一個高效能系統，簡單的說，SoW 就是讓整片 12 吋晶圓都變成了 CoWoS。

　　目前系統級晶圓是透過整合型扇出封裝（InFO）技術將邏輯晶片加以整合，我們也將其稱為 InFO-SoW，該技術已投入量產，首款產品是特斯拉超級電腦自製晶片 Dojo，用來協助進行大型模型訓練。台積電也將推出 SoW 結合 CoWoS 的 CoWoS-SoW 技術，預計 2027 年 5 月具量產能力。與 2023 年 CoWoS 版本相較，CoWoS-SoW 能夠連接超過 60 顆高頻寬記憶體，算力亦較 2023 年 CoWoS 版本提升 40 倍，以大型資料中心為目標市場。

圖 42：CoWoS 終極版本：SoW

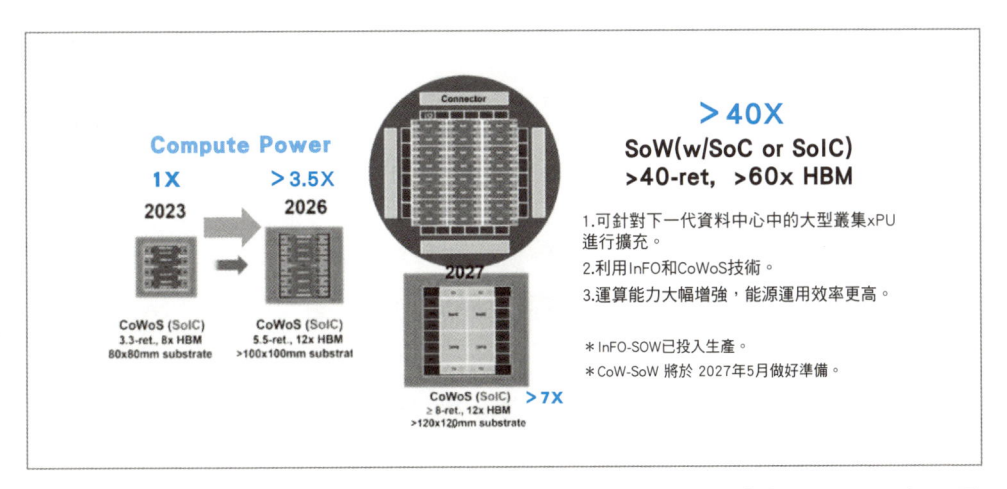

Compute Power

1X → >3.5X
2023 → 2026

CoWoS (SoIC)
3.3-ret, 8x HBM
80x80mm substrate

CoWoS (SoIC)
5.5-ret., 12x HBM
>100x100mm substrat

2027

CoWoS (SoIC) >7X
≥ 8-ret., 12x HBM
>120x120mm substrate

>40X
SoW(w/SoC or SoIC)
>40-ret, >60x HBM

1.可針對下一代資料中心中的大型叢集xPU進行擴充。
2.利用InFO和CoWoS技術。
3.運算能力大幅增強，能源運用效率更高。

＊InFO-SOW已投入生產。
＊CoW-SoW 將於 2027年5月做好準備。

資料來源：**TSMC**，銀藏產經研究室整理，**2024 年 7 月**

43 通往異質整合 3D IC 的第一手棋：SoIC

台積電（TSMC，2330.TW）在後段 IC 異質整合先進封裝領域推出 3D Fabric 技術組合平台。該平台主要分為先進封裝與 3D Si 堆疊等二大技術領域，其中，先進封裝包括 CoWoS 與整合型扇出型封裝（InFO）等兩大技術，3D Si 堆疊則是以整合晶片系統（System-on-Integrated-Chips；SoIC）高整合解決方案為主。

SoIC 透過 Wafer-on-Wafer 或 Chip-on-Wafer 方式將晶片垂直堆疊，再以矽穿孔（TSV）技術將不同種類、尺寸、製程的晶片加以連接，晶片背面則透過微凸塊技術與外界進行連結，封裝解決方案不需使用 IC 載板，是業界第一個採矽穿孔 3D IC 以小晶片（Chiplet）堆疊技術的高密度整合方案。

SoIC 由於使用矽穿孔技術進行晶片連結，讓訊號傳輸途徑更短，I／O 數也明顯增加，有益於效能提升，透過小晶片堆疊技術，不僅有利於良率提升，也能讓整個 IC 內部多晶片整合彈性更高，可以滿足終端客戶即時上市的需求。

SoIC 與 CoWoS 或整合型扇出封裝（InFO）是合作關係，而非競爭關係，也就是說 IC 堆疊技術與先進封裝技術是能夠加以結合，達到更高密度的異質整合。就以超微（AMD）的人工智慧伺服器核心運算晶片解決方案 MI300X 為例，就是底部先以 CoWoS 將八顆繪圖處理器與八顆高頻寬記憶體（HBM3）連結，再以 SoIC 將二顆中央處理器（CPU）堆疊在繪圖處理器之上。

隨人工智慧市場興起，應用端也由雲端人工智慧伺服器延展至終端應用的 AI PC 與 AI 智慧型手機，未來包括 AI PC 的 CPU 或 AI 智慧型手機的核心運算晶片都有可能採用 SoIC 結合 InFO 技術解決方案，下方用 InFO 整合應用處理器與繪圖處理器（GPU），再以 SoIC 將神經網路處理器（NPU）堆疊在上方並加以整合。SoIC 結合 InFO 的高密度異質整合方案具有縮小 IC 面積、高效能、高整合、低功耗等技術優勢，適合人工智慧終端可攜式電子產品等應用。

圖 43：通往異質整合 3D IC 的第一手棋：SoIC

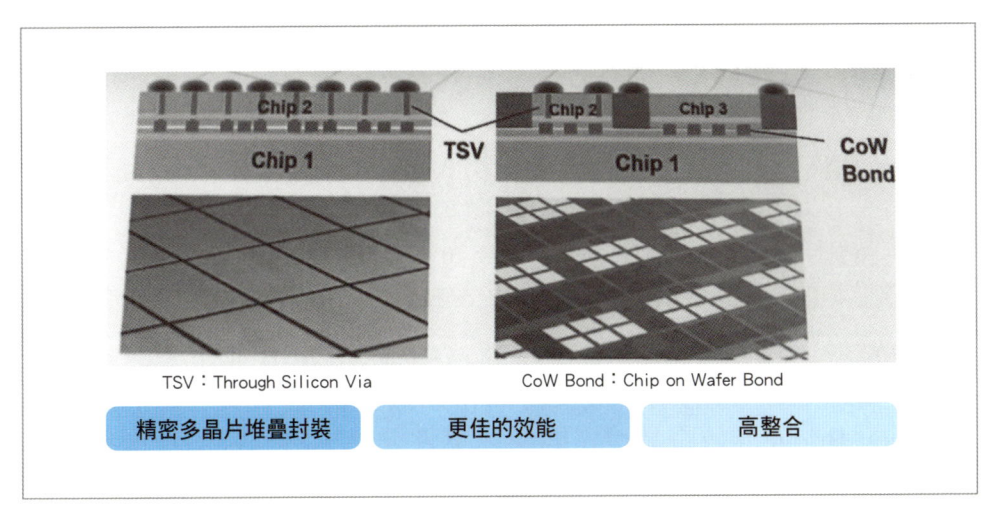

資料來源：銀藏產經研究室，2024 年 7 月

44 挑戰 CoWoS，英特爾推出 EMIB 平台

除台積電（TSMC，2330.TW）跨入後段封測技術進行布局，並推出 7 奈米及其以下先進製程高效能運算（HPC）平台外，全球半導體龍頭英特爾（Intel）亦向後段封測技術進行布局，推出嵌入式多晶片互連橋接（Embedded Multi-Die Interconnect Bridge；EMIB）平台。

有別於台積電 CoWoS 製程技術，英特爾 EMIB 並不是以矽中介層來連結晶片，而是在載板上挖溝槽，並在溝槽中填入矽形成矽橋（Silicon Bridge）並將晶片之間予以電性連結，再以蝕刻技術在矽橋內構成電路，晶片則以微凸塊技術透過矽橋上的電路以並排方式加以連接。由於晶片之間傳導電子的路徑縮短，因而得以加快晶片之間的運算效能。此外，EMIB 的另一個優點是不需要中介層，所以可降低製造成本。

與台積電 2.5D CoWoS 製程技術相同，EMIB 比系統單晶片（SoC）具有設計有彈性、即時上市的優點；也可以同時整合類比、邏輯、記憶體、感測器等各種不同類型半導體元件，也能整合不同微縮製程晶片。簡言之，EMIB 能夠容許讓不同功能、不同製程的小晶片組合在一起。

由於 EMIB 並沒有使用矽中介層，製程上不僅變簡單，與 CoWoS 相較，更具成本競爭優勢。雖然 EMIB 也是以內部訊號進行傳輸，但 I／O 數增加遠不及 CoWoS，所以效能提升亦不及 CoWoS。

除 EMIB 外，英特爾也推出與台積電整合晶片系統（SoIC）技術類似的 3D 晶片垂直堆疊技術，名為 Foveros Technology。有別於台積電 SoIC 是採直通矽穿孔（TSV）技術，將垂直堆疊的晶片加以連接，Foveros 則是將晶片正面對正面垂直堆疊，再透過微凸塊技術透過熱壓鍵合方式加以連接。由於沒採用矽穿孔技術連結，Foveros 頻寬與效能提升相對有限，但正因如此，Foveros 較 SoIC 具成本競爭力。

事實上，英特爾在 Foveros 技術持續推陳出新。第一代 Foveros 微

凸塊間距為 36 到 50 微米；第二代技術命名為 Foveros Omni，微凸塊間距縮短至小於 25 微米；第三代技術命名為 Foveros Direct，微凸塊間距進一步縮短至小於 10 微米。透過微凸塊間距縮小以增加晶片正面的微凸塊數量，I／O 數量因而增加，藉以提升 Foveros 效能。

圖 44：挑戰 CoWoS，英特爾推出 EMIB 平台

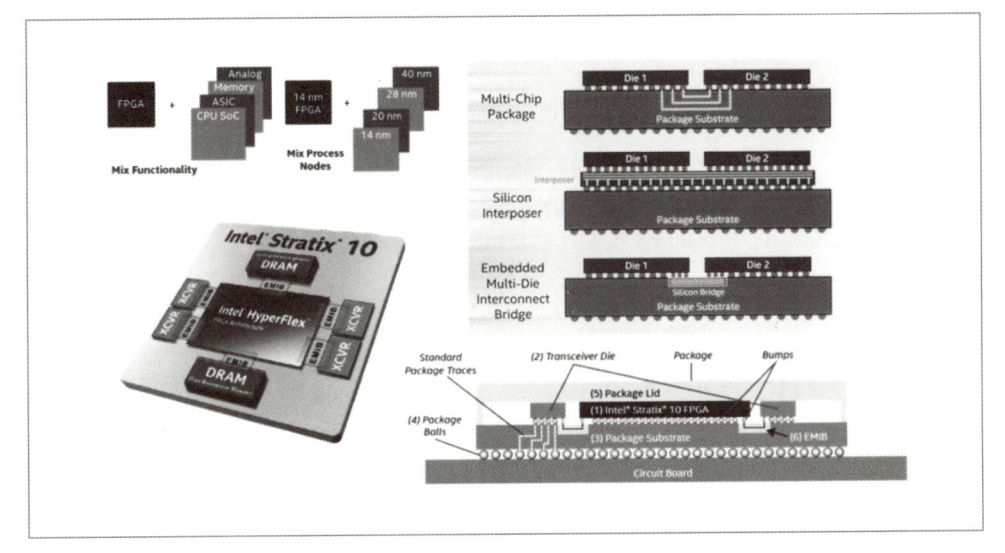

資料來源：銀藏產經研究室，2024 年 7 月

45 人工智慧需求殷切 FOPLP 異軍突起

面板級扇出型封裝（Fan-Out Panel Level Package；FOPLP）並不是一項全新異質整合 IC 封裝技術，近年來在人工智慧晶片解決方案面積大型化，客戶端需求漸起，加上英特爾（Intel）大力推波助瀾的情況下，使得該技術成為各大 IC 製造廠商投入研發重要方向。

面板級扇出型封裝是使用「方形」面板取代「圓形」晶圓作為 IC 封裝過程中載體的技術。在良率相同的前提下，方形面板的面積使用率超過 80%，遠勝過圓形晶圓的 69%，此技術優勢可以在相同單位面積，讓面板級扇出型封裝較扇出型晶圓級封裝（FOWLP）成本下降 10% 到 20%。

早期面板級扇出型封裝技術用來封裝的 IC 產品以電源管理、無線射頻、類比等 IC 為主，另外也有小部分的中央處理器、應用處理器等邏輯運算 IC。在人工智慧浪潮興起下，算力需求以等比級數提升，從 IC 製造層面來說，將製程向前推進是重要途徑。

從封裝層面來說，使用矽中介層的 CoWoS 技術是一個重要方法，增加繪圖處理器（GPU）與高頻寬記憶體（HBM）使用顆數也是個重要方法。台積電（TSMC，2330.TW）使用 CoWoS 的人工智慧解決方案原本是用一顆邏輯運晶片加四顆高頻寬記憶體，後來持續增加顆數，比如為超微代工的 MI300X 人工智慧解決方案就用到八顆繪圖處理器及八顆高頻寬記憶體，從台積電 CoWoS 技術藍圖觀察，次世代將推出十二顆繪圖處理器加十二顆高頻寬記憶體的解決方案。這意味著，未來人工智慧解決方案面積大型化將成為必然技術發展方向。

然而，12 吋晶圓為載體所能提供面積有限，大約是 150mm*150mm*3.1416，目前面板所能提供載體面積以 510mm*515mm 及 600mm*600mm 為常規尺寸，未來則將朝向 750mm*650mm 發展。透過「方形」面板進行 IC 封裝，可使用面積相當於 12 吋晶圓的三到七倍之多。換句話說，在同樣單位面積下，能擺放的晶片數量更多。不僅表示面板級扇出型封裝能提供人工智慧解決方案更大算力，載體

面積增加亦能提升生產效率，讓生產成本進一步下降。

為能提升運算效能，面板級扇出型封裝採用重佈線（RDL）連接繪圖處理器與高頻寬記憶體，這項技術目前處於研發階段，台積電預估要至 2027 年才能夠投入量產。除此之外，隨面板級扇出型封裝面積增大，也會面臨翹曲與晶片位移等物理挑戰，這將不利於良率的提升。

圖 45：人工智慧需求殷切　面板級扇出型封裝異軍突起

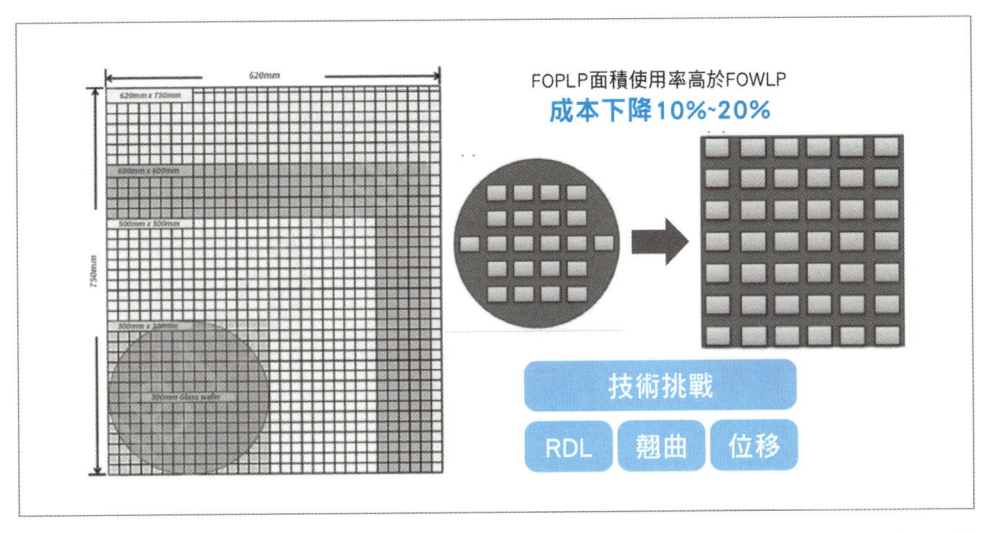

資料來源：銀藏產經研究室，**2024 年 7 月**

46 認識三星異質整合封裝技術

　　與台積電（TSMC，2330.TW）、英特爾（Intel）同為世界級 IC 製造廠商三星電子（Samsung Electronics）當然不會在這場 IC 異質整合先進封裝的競賽中缺席，其技術布局主要可區分為晶片垂直堆疊的「X-Cube」，及先進封裝的「I-Cube」等二大領域。

　　三星 X-Cube 與英特爾採用晶片垂直堆疊技術 Foveros Technology 類似，在相同尺寸晶片上、在相同位置，以陣列型態透過微凸塊技術植入銅凸塊，再以熱壓鍵合或銅混合鍵合技術連結晶片。此外，還有一處相同點是，由於沒採用矽穿孔技術連結，X-Cube 頻寬與效能提升相對有限，但較台積電整合晶片系統（SoIC）技術更具成本競爭力。

　　此外，台積電 SoIC 技術是透過 Wafer-on-Wafer 或 Chip-on-Wafer 技術進行堆疊，意味可以透過小晶片（Chiplet）技術，在大面積晶片上方水平堆疊數顆不同的小面積晶片，整合密度與整合彈性較高。而三星 X-Cube 僅能垂直整合兩顆晶片，整合密度較低。英特爾透過縮短微凸塊間徑的方式提升頻寬，推出數代 Foveros 技術，而三星 X-Cube 則尚未見到技術提升的舉措。

　　三星的先進封裝技術 I-Cube，與台積電 CoWoS 相當類似，因而市場將三星 I-Cube 歸類為「類 CoWoS」技術。依據連結晶片技術與材料的差異，三星 I-Cube 技術還區分為 I-CubeS、I-CubeR、I-CubeE 等三類。其中，I-CubeS 就類似於台積電的 CoWoS-S，就是用矽中介層做為晶片與 IC 載板的連結藉以提升效能的技術。I-CubeR 類似於台積電的 CoWoS-R，就是將矽中介層改採用重佈線層薄膜來連結晶片與 IC 載板的技術。至於 I-CubeE 就類似於英特爾的嵌入式多晶片互連橋接（EMIB）技術，就是在載板上挖溝槽並填入導電物質以連結晶片的技術。

　　姑且不論三星在 IC 先進封裝領域技術水準如何，三星真正的問題在於三星是一家整合元件廠，擁有自家晶片產品，與輝達（NVIDIA）、超微（AMD）、聯發科（MediaTek，2454.TW）等 IC 設計大廠就是處

於競爭關係，使得這些 IC 設計客戶到三星投片的意願不高；加上三星自家產品多為智慧型手機核心運算產品，在高效能運算與人工智慧領域表現並不突出，而英特爾將 EMIB 與 Foveros 技術普遍採用在自家處理器晶片與人工智慧核心運算解決方案上，在缺乏訂單的支持下，三星在 IC 先進封裝技術發展上處於相對不利位置。

圖 46：認識三星異質整合封裝技術

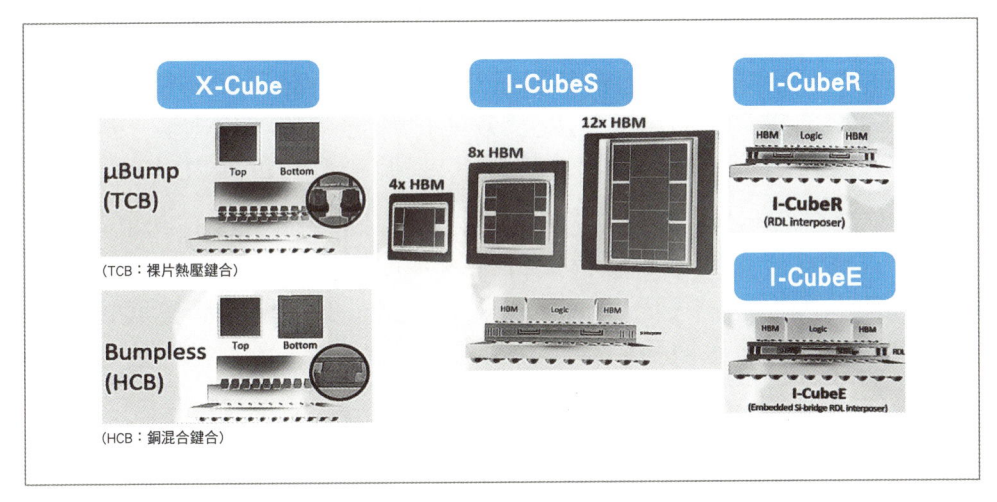

資料來源：銀藏產經研究室，2024 年 7 月

47 IC 異質整合先進封裝種類與定義

在人工智慧推升浪潮下，使得 IC 異質整合先進封裝技術成為顯學，也讓「CoWoS」、「2.5D IC」、「3D IC」成為各媒體常見熱門字。然而，什麼是 2.5D IC？什麼是 3D IC 呢？其實半導體產業界是有進行分類。

其實並不是將多顆晶片垂直堆疊，封裝在同一顆 IC 內就能夠被分類成 3D IC，而是要先看承載不同電路的多顆晶片是否能夠整合成單一電路；其次才會以晶片整合密度及效能提升等當做評量指標。所以，包括導線架封裝、載板封裝等傳統型 IC 封裝都被歸類為 2D IC。

包括系統級封裝（SiP）或層疊封裝（Package on Package；PoP），雖然是多顆晶片垂直堆疊，再以打線方式加以連結，但該技術終究是將多個電路加以連結，而非整合成單一電路，對於增加頻寬與提升效能沒有助益，因而也被歸類為 2D IC。

台積電（TSMC，2330.TW）的整合型扇出型封裝（InFO）是採用重佈線層（RDL）薄膜技術將多顆晶片加以連結，英特爾（Intel）的嵌入式多晶片互連橋接（EMIB）則是透過在載板上挖溝槽，並注入導電物質形成矽橋來連結多顆晶片，這二項技術都達到將多個不同電路整合成單一電路的技術目標，惟效能提升相對有限，且晶片整合密度不足，因此被歸類為 2.1D IC。另外，以三星電子（Samsung Electronics）及日系半導體廠商所開發的有機中介層（Organic Interposer）技術，其封裝架構類似台積電 CoWoS，其實就是用有機中介層取代矽中介層的技術，不僅達到電路整合技術目標，晶片異質整合密度也相對較高，效能提升表現雖優於 InFO 及 EMIB，但與 CoWoS 仍有段差距，故僅被歸類為 2.3D IC。

與其他異質整合 IC 封裝技術，台積電的 CoWoS 無論在異質整合、晶片整合密度、效能提升等各方面表現最為優異，而且還在持續優化中，因此被歸類為 2.5D IC。此外，近年來台積電 InFO 技術亦持續改良，尤其在與台積電 SoW 技術結合後的 InFO-SoW，無論晶片整合密度或效能表現也都有優異表現，因此也有部分業界人士將整合型扇出

型封裝與 CoWoS 並列為 2.5D IC。

台積電整合晶片系統（SoIC）利用矽穿孔 3D IC 技術將不同晶片垂直疊整合成為單一電路，而且該技術已被應用於高效能運算（HPC）及人工智慧伺服器解決方案，效能表現自然不言而喻，為 3D IC 技術跨出第一步。然而，整合晶片系統目前僅能做到上下二層晶片整合，晶片整合密度偏低，距離真正異質整合的 3D IC 還有相當距離。

真正的 TSV 3D IC 是將多顆不同種類、不同製程的晶片垂直堆疊並透過矽穿孔加以整合，達到高整合、高效能、低功耗等技術目標，其實就 IC 製造端而言，已具備打造矽穿孔 3D IC 技術能力；但對 IC 設計業者而言，仍處於摸索及研發階段，加上目前還沒有支援設計 3D IC 的 EDA 工具，在整體生態環境尚不成熟情況下，要達到真正 3D IC 技術目標仍有漫漫長路要走。

圖 47：異質整合－先進 IC 封裝種類與定義

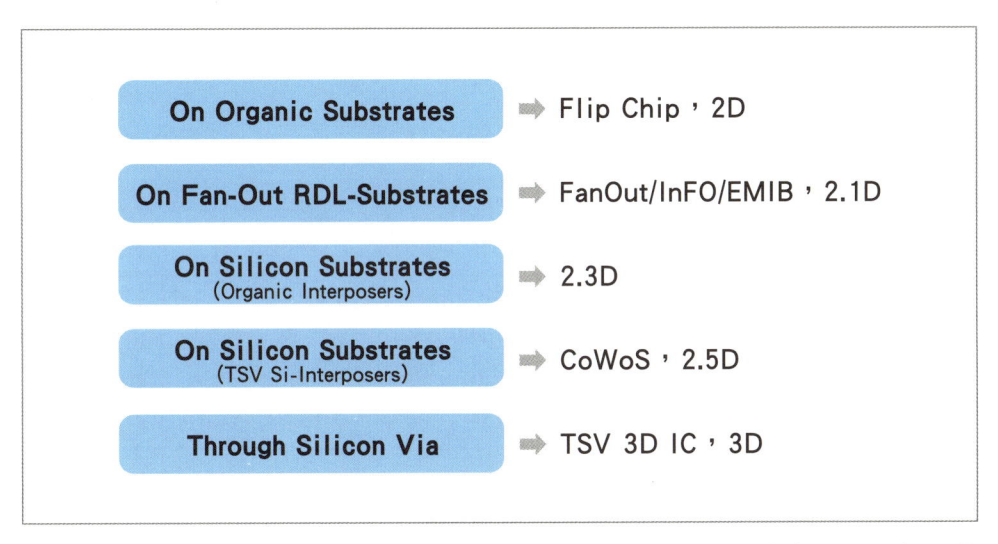

封裝基板類型	技術／維度
On Organic Substrates	Flip Chip，2D
On Fan-Out RDL-Substrates	FanOut/InFO/EMIB，2.1D
On Silicon Substrates (Organic Interposers)	2.3D
On Silicon Substrates (TSV Si-Interposers)	CoWoS，2.5D
Through Silicon Via	TSV 3D IC，3D

資料來源：銀藏產經研究室，2024 年 7 月

Chap.05

受景氣循環影響的寡占產業—
記憶體

作者：李洵穎

記憶體是半導體最大的次產業，英文通稱 Memory。從中英文來看，顧名思義，就是用來記憶的，因此和抓取儲存數據脫離不了關係。記憶體也和電腦運作、處理資料的快慢息息相關，說是電腦最重要的元件之一並不為過，更是研究半導體產業不能不知的一環。

n   d   u   c   t   o   r

48 淺談記憶體

　　不管是日常生活、工作還是娛樂，我們每天都會接觸到電腦。當我們在使用電腦時，最惱人的大概就是遇到作業程式卡頓、閃退或當機，這時很可能就是因為記憶體（Memory）空間不足所導致。

　　大多數人對記憶體並不陌生，記憶體是電腦中用來讓中央處理器（CPU）和外部存放空間溝通的橋樑，將資料先暫時或永久存放下來，之後供電腦 CPU 存取資料。儘管如此，執行電腦的指令與程式才是記憶體的主要任務；而專門儲存電腦資料的工作，才是由固態硬碟（SSD）、USB 或是記憶卡等負責。記憶體和硬碟都是負責存取資料的裝置，所以時常被人搞混。如果記憶體是一個人的辦公桌，當辦公桌愈大，可以同時處理的工作愈多。而硬碟則好比是抽屜，可以存放各種資料，抽屜愈多，可以放資料的空間也愈多。

　　現在很多程式佔用的記憶體愈來愈大。在七、八年前，8G 是主流，16G 就算得上是巨量；到了 2024 年，16G 早已是基本配備，8G 記憶體可能無法支應打開大型程式。隨著萬物智慧化時代，記憶體的應用已無所不在，包括個人電腦、高階運算電腦、手機、汽車、家電等領域，甚至人工智慧（AI）和元宇宙，更是需要大量的記憶體才能實現。

　　就記憶體製造而言，儘管台積電（TSMC，2330.TW）有能力做到高速、高效能的晶片，但記憶體結構特殊、製程繁瑣，還是需要靠專業的記憶體製造廠商生產，才能配合半導體晶片達成存放資料和程式的任務。因此，在半導體領域來說，記憶體是一個獨立的生產系統。

圖 48-1；在萬物智慧化時代，需要大量的記憶體才能實現。

資料來源：作者

表 48-2：目前常見的記憶體種類

記憶體								
揮發性		非揮發性						
SRAM	DRAM	ROM	RAM					
^	^	^	Flash		SSD	其他		
^	^	^	NOR Flash	NAND Flash	^	FRAM	MRAM	RRAM

資料來源：作者整理

49 RAM、ROM 傻傻分不清楚～談記憶體分類

　　上一章節提到，記憶體的主要任務是執行電腦的指令與程式。而一台電腦裡會有各式各樣的記憶體，例如在主機板上的記憶體、中央處理器（CPU）內部的快取記憶體、使用 NAND Flash 的固態硬碟等等。儘管如此，半導體記憶體大致上可以分成 RAM（Random Access Memory）與 ROM（Read Only Memory）兩大類。

　　RAM 稱為「隨機存取記憶體」，屬於揮發性記憶體，也就是當電源切斷後，所儲存的資料將會消失，主要是為電腦提供使用中的資料進行短期存取的空間，可視為電腦的暫時儲存裝置。所以，只要有足夠的 RAM，就能讓電腦執行大多數日常工作，例如編輯文件、讀取應用程式、瀏覽網頁等等，讓使用者在不同工作之間快速切換，同時保留原先每項工作的進度。但存於 RAM 的資料，在電腦重新開機後就不存在了。

　　相對於 RAM，ROM 稱作「唯讀記憶體」，屬於非揮發性記憶體。當電腦電源停止供應後，已儲存在 ROM 中的資料和檔案不會遺失，像是電腦驅動程式、系統程式、韌體、下載的資料等都會存放在裝置的 ROM。這些存在 ROM 的資料或程式和電腦能否正常運作有關，因此通常不能被使用者隨意編輯和改寫，只能進行讀取。

　　在產業界通常討論 RAM 較多，如果再加以細分，RAM 又可以分為多種類型，這裡僅簡單介紹兩大類常見的半導體記憶體，即 DRAM（Dynamic RAM）與 SRAM（Static RAM）。

　　DRAM 是最常見的 RAM，中文稱為「動態隨機存取記憶體」，為了使 DRAM 可以持續進行電腦資料短暫儲存的工作，因此需要高速的供應電荷；由於 DRAM 會持續不斷刷新資料來進行存取，名稱中才會有「動態」二字。

　　SRAM 又名為「靜態隨機存取記憶體」，短暫存取速度高於 DRAM，是目前數一數二快的記憶體。但 SRAM 並不持續更新資料來

進行短暫存取,因此不需要高速的電量供給。當電腦待機時,SRAM 所消耗的電流量較低,記憶體容量較小,但價格較高。簡單的說,SRAM 快速、低耗電、高價的特性,經常作為 CPU 的快取記憶體之用;而 DRAM 生產成本較低,但速度比 SRAM 慢。

圖 49:主機板上有各式各樣的記憶體。

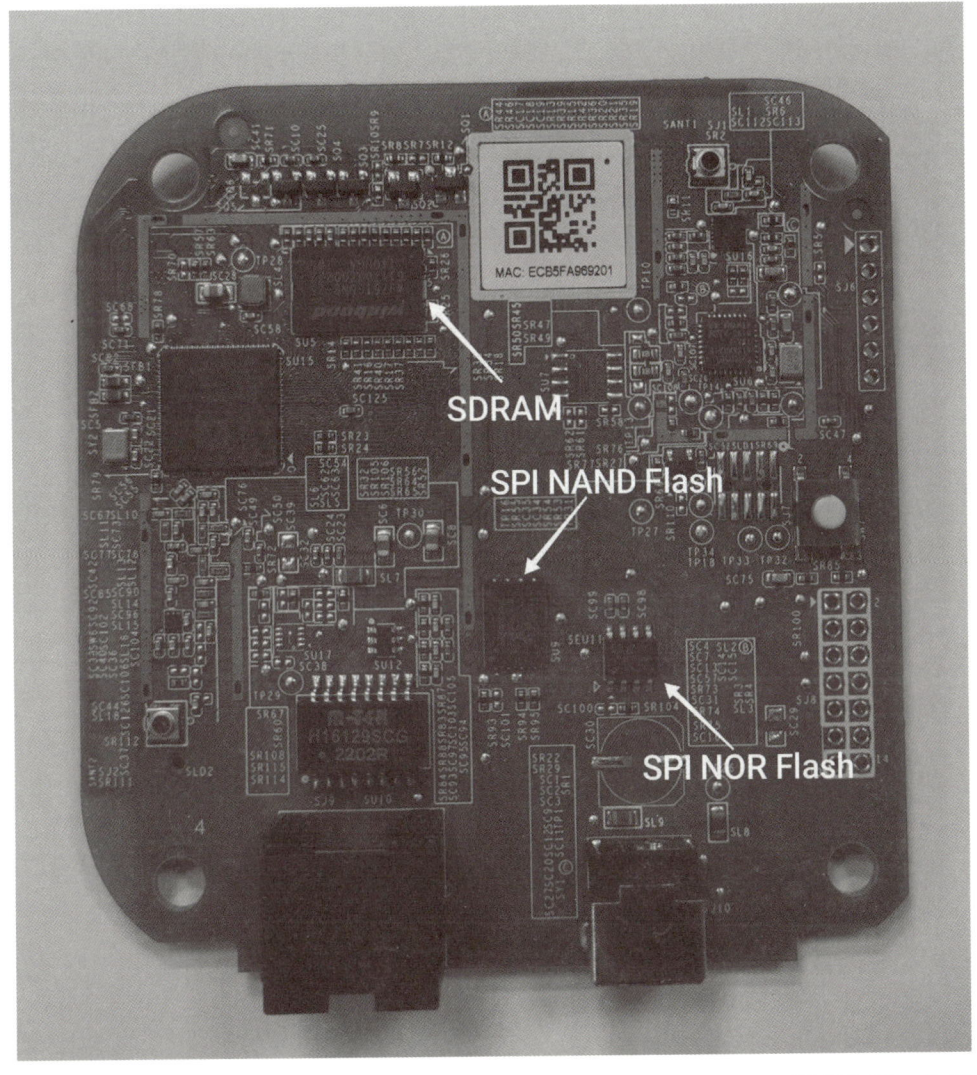

資料來源:作者

50 快閃記憶體會「閃」嗎？再談記憶體分類

在半導體記憶體中，除了先前談到的 SRAM 和 DRAM 外，快閃記憶體（Flash）也很重要。由於輕薄短小、省電耐震、不具揮發性、存取速度快，Flash 廣泛使用於各種電子產品領域，最常被用在個人電腦的 USB 記憶體、數位相機或手機記憶卡等。Flash 與 DRAM 的隨機存取類似，可讀取、寫入、擦除內容，但其速度相對較慢，所以無法完全取代 DRAM。

看到這裡，讀者已經認識到半導體記憶體有不同類型，各有各的特性和應用。依照記憶體存取運作的時間長短和容量大小來打個比方：假設電腦是一間屋子，屋裡有一張書桌，書桌上有幾本書，可以很快地隨手翻閱，這就像 SRAM 的概念；離書桌不遠有一面書架，架上有數十本書，從書桌過去拿取它們需要時間，這是 DRAM。離這間屋子約五百公尺的地方，有一座擁有數萬本藏書的圖書館，走去借閱館內藏書需要花更多時間，這就像是高容量的 Flash。

目前有兩款較為主流的 Flash，分別是儲存型快閃記憶體（NAND Flash）以及編碼型快閃記憶體（NOR Flash）。NAND Flash 的單位生產成本較低，容量較高，常應用於需要快速反覆寫入的地方，例如隨身碟、記憶卡、固態硬碟（SSD）等。NAND Flash 雖然名稱中有「記憶體」，但它的角色其實是硬碟。

NOR Flash 則剛好相反，單位生產成本較高，容量也較小，但因為讀寫速度較快，所以適合應用於只需要讀的記憶體（ROM）或是用於儲存硬體本身的設置參數，如主機板輸出輸入系統（BIOS）、韌體、路由器設定檔等小容量資料等。綜合而言，使用哪一種 Flash 主要看產品的需求而定。

圖 50-1：電腦儲存單位比較

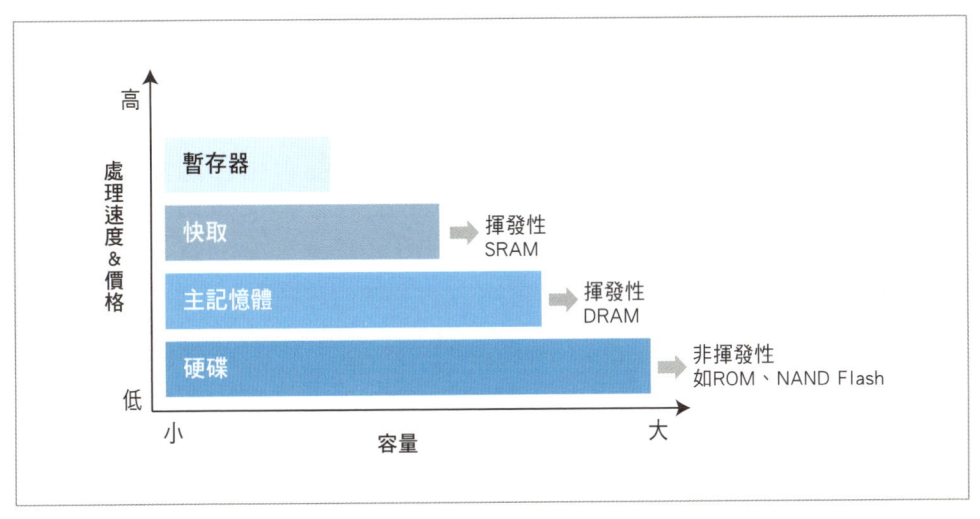

處理速度 & 價格	暫存器		
	快取	→	揮發性 SRAM
	主記憶體	→	揮發性 DRAM
	硬碟	→	非揮發性 如ROM、NAND Flash

(縱軸：高↔低；橫軸：容量 小↔大)

資料來源：作者整理

圖 50-2：NOR Flash

資料來源：作者

51 記憶體的產業循環

在當前萬物互聯的時代，所有的電子裝置都會用到記憶體，大至資料中心、伺服器、人工智慧（AI），小至日常生活使用的手機、電腦或遊戲機等。記憶體屬於電子產業中的半導體產業，更是半導體中最大的次產業，掌握記憶體趨勢就可以大概知道整個電子產業的樣貌。

當景氣大好，電子產品終端需求增加，電子代工廠會向下游記憶體模組廠和通路商大量進貨，模組廠和通路商這時會採取囤貨，以支應客戶需求，進而推升現貨價上漲，獲利表現亮麗；如果景氣持續上揚，記憶體製造商（又稱為原廠）會順勢提高合約價，此時正是記憶體產業情勢一片大好。反之，當景氣轉疲，終端需求減少，電子代工廠減少向模組廠和通路商進貨，記憶體模組廠想要消化存貨，以減少損失，便會在市場上拋售，導致現貨價下跌，獲利衰退；接著原廠開始調降合約價，記憶體產業轉趨蕭條不振。依過去經驗，記憶體產業一個循環大概三年左右。

為什麼記憶體報價會有現貨價和合約價？這是因為原廠擁有工廠，固定成本高，增減產較不靈活，因而報價採行事先議定好的合約價。所以原廠的出貨價通常是合約價。而模組廠或通路商通常是以合約價向原廠買進，以現貨價賣出。

記憶體產業其實算是大宗物資，屬於標準的景氣循環產業，市場供需每天都在變動，產業循環和供需的變化相當密切。正因供需每天都在變，分析記憶體產業的關鍵講求「快」，必須在新的週期循環開始前就作出判斷，這樣才能完整參與到漲價的週期。本書希望透過對產業的基本介紹，幫助讀者建立對掌握記憶體趨勢的基礎。

圖 51：記憶體歷史就是不斷地循環重演

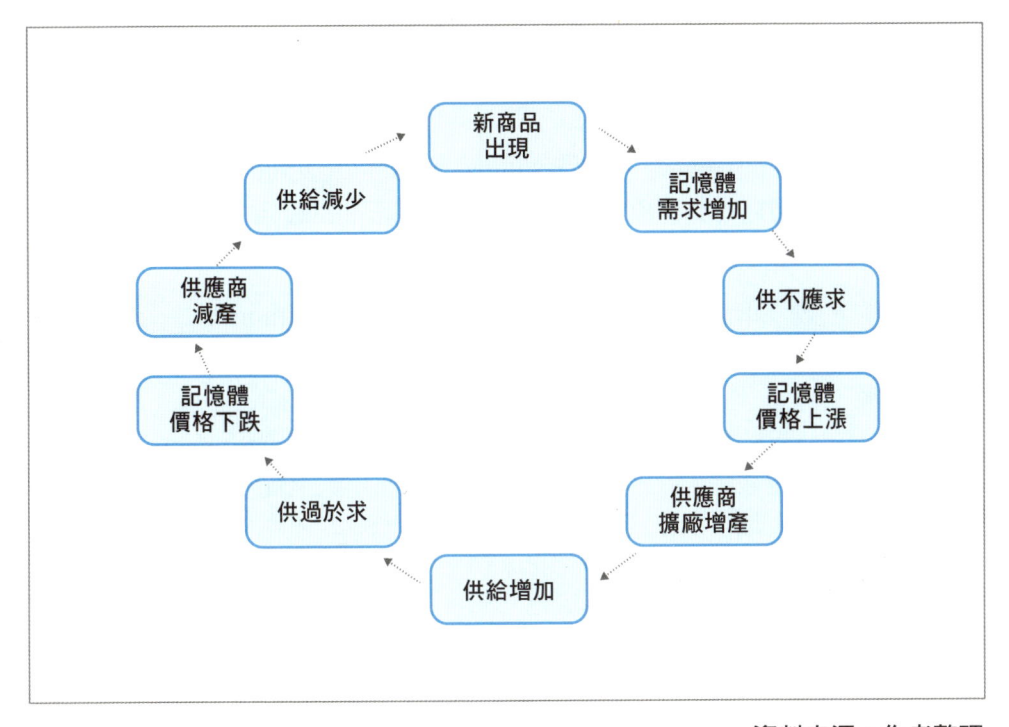

```
          新商品
           出現
                    ↘
   供給減少              記憶體
    ↑                  需求增加
                           ↓
  供應商                  供不應求
   減產                     ↓
    ↑                   記憶體
  記憶體                 價格上漲
  價格下跌                  ↓
    ↑                   供應商
  供過於求               擴廠增產
       ↖              ↙
            供給增加
```

資料來源：作者整理

52 記憶體的產業結構

　　記憶體景氣循環明顯，最慘烈的時候發生在 2008、2009 年全球金融風暴，由於 DRAM 嚴重供過於求，歷經激烈的殺價競爭，股價大幅下挫，致使 DRAM 與面板、LED 及太陽能等並列台股四大「慘」業。

　　當時大型 DRAM 製造商如德商奇夢達（Qimonda）、日商爾必達（Elpida）先後聲請破產退出市場。隨著產業供需改變，產品價格逐漸回升，倖存者營運得以翻身。像是南韓的三星（Samsung Electronics）、SK 海力士（SK hynix）和美國的美光（Micron）等因實力較強，接連收購無法負荷虧損的小公司；加上記憶體產業持續建廠，資本支出大增；以及製程技術先進，急需人才、專利，造成提高研發費用。挾著以上因素，產業的進入門檻相形墊高，使 DRAM 市場形成目前三國鼎立的寡占狀態。

　　而寡占市場的特性就是彼此依賴卻又互相牽制。三星、SK 海力士及美光對於市場控制，彼此心裡已有共識。例如預期市場要供過於求時，就會有默契地減產，控制供給量；而當需求上來的時候，不約而同地擴廠，以提高供給量。

　　然而，即使如此，市場供需瞬息萬變，廠商有時也很難預判未來趨勢和市場狀況。舉例來說，2016 年以來因為智慧型手機、資料中心、挖礦興起，帶動記憶體需求增加，造成了記憶體漲價的榮景。在此同時，三大廠也決定擴廠以增加供給；但沒想到自 2018 年下半，挖礦需求突然消失，智慧型手機也因市場飽和需求急速降溫，使記憶體市場一夕之間供過於求，導致價格崩跌。

　　在科技發展快速的時代，記憶體產業一直引人注目的焦點。從 PC 到行動裝置，從物聯網、雲端伺服器到人工智慧，都需要高效、可靠的記憶體來儲存和處理數據資料。隨著大數據、物聯網等新興技術的快速擴展，對記憶體的需求更是日益增加，市場對於記憶體產業的關注只會有增無減。

圖 52-1：台灣美光台中四廠 2023 年 11 月落成啟用。

資料來源：作者

表 52-2：重大 DRAM 景氣波動

年份	說明
1996-1998	景氣蕭條，DRAM 資本支出受壓抑
1999	景氣復甦，DRAM 開始供不應求，景氣谷底翻升
2000-2001	供給量增加
2002-2003	出現供給缺口
2008	金融風暴
2009-2012	奇夢達、爾必達宣告破產
2016-2018	智慧型手機、資料中心、挖礦興起，帶動記憶體需求增加

資料來源：作者整理

53 全球主要記憶體廠商排名

　　如前一章節所言，曾經，記憶體產業尤其是 DRAM 百家爭鳴，在 2000 年初時 DRAM 產業中的顆粒提供商，包含三星（Samsung Electronics）、美光（Micron）、SK 海力士（SK hynix）、爾必達（Elpida）、奇夢達（Qimonda）、華亞科（Inotera，2015 年併入美光）、南亞科（Nanya Technology，2408.TW）、華邦電（Winbond，2344.TW）、力晶（註：力晶於 2019 年將晶圓廠業務分割讓與力積電，由力積電主導晶圓代工，力晶則轉型為控股公司）等爭相擴廠，以搶攻 DRAM 市占率。過度擴張產能的下場便是導致產品供過於求，大家一同虧損。2008、2009 年產業進行一波大整併，由實力較強的三星、SK 海力士、美光因擁有自行開發製程的技術，重新掌握市占率，至今便呈現三分天下的局面。

　　三星是全球第二大半導體企業，以及全球最大 DRAM、NAND Flash 製造商，全球市占率高達四到五成。SK 海力士前身是韓國現代電子的半導體部門，現今市占率約二到三成，為全球第二大記憶體晶片。美光的市占率幾近一成，排名第三，是美國碩果僅存的 DRAM、NAND Flash 製造商。

　　至於 NAND Flash 亦屬寡占產業，長期以來由三星、前身為東芝記憶體（Toshiba）的鎧俠（Kioxia）、美光、SK 海力士、威騰電子（WD）、英特爾（Intel）等六家大廠壟斷全球 99％ 以上的市占率。後於 2020 年，英特爾將旗下 NAND 記憶體業務轉售給 SK 海力士，SK 海力士由美國子公司將負責此項業務，將公司取名為 Solidigm。SK 海力士受惠於此收購案，市占率也跟著上升。目前 NAND Flash 市場廠商排名呈現三星、SK 集團、鎧俠、美光、威騰等五家盤踞的局面。

　　受到 COVID-19 疫情影響，自 2022 年以來，記憶體廠繼續追穩定獲利為目標，故著重在製程升級和產品組合的調整，對於產能增加幅度則有限，故供給態勢較以往更健康。隨著 AI 和 5G 等新興技術的發展，NAND Flash 在 PC、手機、伺服器等領域的需求將持續成長。在需求持續上升、技術不斷進步和產業整合升級的趨勢下，NAND Flash

產業的未來發展前景可以正向看待。

表 53-1：2024 年第 1 季全球 DRAM 廠自有品牌營收排名

排名	公司	營收（百萬美元） 2024 年第 1 季	季增率	市占率 2024 年第 1 季	市占率 2023 年第 4 季
1	三星 (Samsung)	8,050	1.3%	43.9%	45.5%
2	SK 海力士 (SK hynix)	5,703	2.6%	31.1%	31.8%
3	美光 (Micron)	3,945	17.8%	21.5%	19.2%
4	南亞科 (Nanya)	302	10.5%	1.6%	1.6%
5	華邦電 (Winbond)	162	21.6%	0.9%	0.8%
6	力積電 (PSMC)	28	-28.2%	0.2%	0.2%
	其他	157	-0.6%	0.9%	0.9%

資料來源：TrendForce，2024 年 6 月

表 53-2：2024 年第 1 季全球 NAND Flash 品牌廠營收排名

排名	公司	營收（百萬美元） 2024 年第 1 季	季增率	市占率 2024 年第 1 季	市占率 2023 年第 4 季
1	三星 (Samsung)	5,400	28.6%	36.7%	36.6%
2	SK 集團 (SK hynix 及 Solidigm)	3,272	31.9%	22.2%	21.6%
3	鎧俠 (Kioxia)	1,822	26.3%	12.4%	12.6%
4	美光 (Micron)	1,720	51.2%	11.7%	9.9%
5	威騰 (WDC)	1,705	2.4%	11.6%	14.5%
	其他	791	41.2%	5.4%	4.8%

資料來源：TrendForce，2024 年 5 月

54 台灣記憶體產業鏈

記憶體是半導體產業最大的次產業，其產值大約占半導體的二到三成左右。就其主要產品線占整體記憶體產業的產值排名依序是 DRAM、NAND Flash 和 NOR Flash。其中 DRAM 占整體記憶體產值的比重約落在五到六成的區間，是記憶體產業中主流的產品別。如果加上 NAND Flash，則合占記憶體產值的 95% 左右，而 NOR Flash 占比則不到 5%。

前面章節曾提過，在三星（Samsung Electronics）、SK 海力士（SK hynix）、美光（Micron）等三大龍頭廠把持，DRAM 產業成為寡占市場。而台灣記憶體產業鏈擁有獨步全球的垂直分工優勢，也不是沒有發揮的空間，以下就各次領域概略說明。

針對 DRAM 晶粒供應方面，以市占率而言，除了前面所提到的三大國外廠商之外，根據研調機構 TrendForce 統計，第四到六名則由台廠奪下，分別為南亞科（Nanya Technology，2408.TW）、華邦電（Winbond，2344.TW）和力積電（PSMC，6770.TW）。而記憶體 IC 設計則為三星、美光、SK 海力士，以及台廠晶豪科（ESMT，3006.TW）。

記憶體製造通常會在晶圓上進行多道工序，包括製作電晶體和其他元件。有時晶片設計廠會將訂單下給晶圓代工廠，透過委外代工模式製造生產記憶體晶粒，主要的代工廠便如南亞科、力積電。晶圓代工廠生產的晶粒，經由封裝測試廠進行封裝測試後，銷售給品牌電腦系統廠。封測廠則有力成（PTI，6239.TW）、日月光（ASE，3711.TW）、南茂（ChipMOS，8150.TW）、華東（Walton，8110.TW）、福懋科（FATC，8131.TW）。透過配合的 OEM 代工廠生產電腦等使用的記憶體模組。

取得上游的晶粒後，與控制 IC 整合為 PCBA，即為記憶體模組。模組廠則為威剛（ADATA，3260.TWO）、十銓（Team Group，4967.TW）、宇瞻（Apacer，8271.TW）、品安（Panram，8088.TWO）、

創見（Transcend，2451.TW）、廣穎（Silicon Power，4973.TWO）、商丞（Unifosa，8277.TWO）。目前主要記憶體模組廠有金士頓（Kingston）、威剛、創見、宇瞻等廠商。綜合以上所述，台灣記憶體製造業扮演全球關鍵少數的角色，擁有完整的供應鏈製造優勢，加上生態系完整，絕非他國短時間能迎頭趕上。

圖 54：DRAM 產業鏈

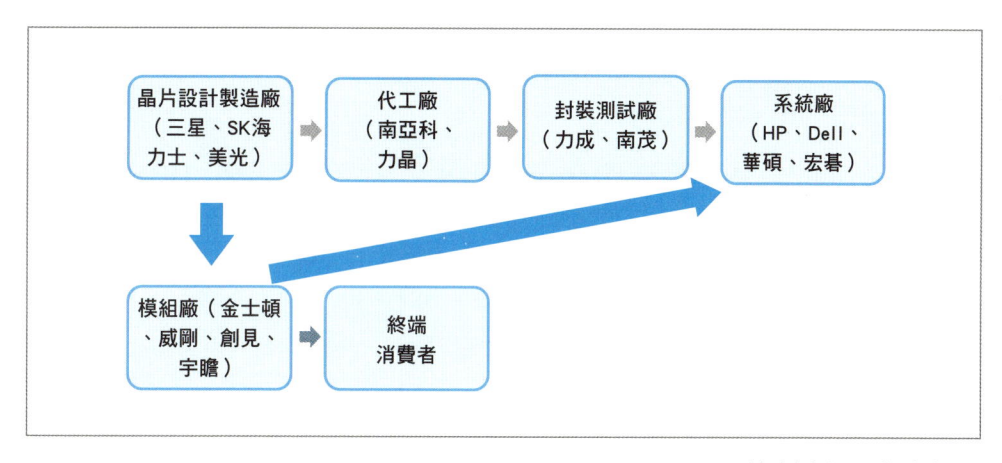

```
晶片設計製造廠（三星、SK海力士、美光）→ 代工廠（南亞科、力晶）→ 封裝測試廠（力成、南茂）→ 系統廠（HP、Dell、華碩、宏碁）
                ↓                                                              ↗
模組廠（金士頓、威剛、創見、宇瞻）→ 終端消費者
```

資料來源：作者整理

55 隨 AI 竄起的 HBM——買愈多、省愈多？

2023 年初，ChatGPT 橫空出世，開啟生成式人工智慧（Generative AI）元年，伺服器、PC 與手機導入生成式 AI 模型。剖析生成式 AI 發展的主要元素，包括算力、頻寬和資料：算力愈強，每秒處理資料的速度愈快；頻寬愈大，每秒可存取的資料愈多。隨著 AI 興起，AI 晶片必須處理大量並行的資料，這時就需要高度的算力和大量的頻寬，帶動記憶體的需求持續成長。

伴隨而起的是，半導體產業出現了一個話題名詞：HBM（High Bandwidth Memory），中文稱之為「高頻寬記憶體」。HBM 是 DRAM 的一種，由數個 DRAM 晶片堆疊，DRAM 層與層之間的信號由矽穿孔（Through Silicon Via；TSV）連接。目前異質整合 HBM 與中央處理器（CPU）或繪圖處理器（GPU）所使用的先進封裝技術為 CoWoS（Chip-on-Wafer-on-Substrate），可提高頻寬與儲存空間。簡單地說，HBM 可以看成是疊在一起的「新」DRAM。與傳統 DRAM 相比，HBM 具有高頻寬、低功耗與體積小的優點。

輝達（NVIDIA）執行長黃仁勳在 2024 年 6 月來台參加 COMPUTEX 時宣布推出新一代 NVIDIA GH200 Grace Hopper 平台，這是專為加速運算和生成式 AI 而打造，其中就採用全球首款 HBM3e 處理器，強調配合強大的算力，可以省下成本、降低功耗。難怪黃仁勳直言：「買越多！省越多！」

伴隨 AI 晶片量產，市場對 HBM 的需求也跟著大增，HBM 成為記憶體製造商下一個兵家必爭之地。目前來看，AI 伺服器是 HBM 最重要的市場，因此，吸引全球記憶體三強搶進 HBM，包括 SK 海力士（SK hynix）、三星（Samsung Electronics）及美光（Micron）持續擴大投資。其中 SK 海力士布局最早、最快，而美光和三星則緊追在後。在此情勢下，全球記憶體市場長久以來三分天下，HBM 受到重視後則開啟全新戰局，甚至可能扭轉局勢。

台灣記憶體廠目前仍無法與國際三大廠在 HBM 領域競爭，轉而從

周邊的 AI 邊緣運算應用切入。AI 推論功能將逐漸從雲端延伸至終端裝置，邊緣 AI 市場可望展現爆發式成長，推升記憶體需求高漲，預期台灣 DRAM 產業將迎來大好光景。

圖 55：SK 海力士的 HBM 晶片。

資料來源：作者

56 記憶體更迭：次世代記憶體興起

儲存技術發展歷經 50 年，逐漸形成 SRAM、DRAM 及 Flash 等三大主要領域。隨著人工智慧（AI）、5G 等新興技術竄起，推升資訊量爆炸性成長，因此會有更大的儲存需求。不僅如此，為處理 AI、5G 帶來的龐大資料，就必須要有更快的運算效率，這就意味記憶體的讀取速度也要加快。

次世代記憶體不再只是儲存資料的設備，而是朝向記憶體內運算的方向前進，最好能在資料匯入時，先進行簡單運算。如此一來，就能減少資料傳出所造成的耗能與功率損失。目前討論較多的次世代記憶體主要為鐵電記憶體（FRAM）、磁阻式記憶體（MRAM）及電阻式記憶體（RRAM）等。

新興的 FRAM 及 MRAM 讀寫速度比大家所熟知的 Flash 快上千百倍。其中，FRAM 擁有高速讀寫、無限次寫入等特性，且操作功耗極低，適合物聯網（IoT）與可攜式裝置應用。而 MRAM 操作速度以及反覆讀寫的持久次數可與 DRAM 相抗衡，但比 DRAM 節能；且速度快、可靠性好，適合需要高性能的場域，像是自駕車、雲端資料中心等。至於 RRAM，結構簡單、讀寫速度快、密度高、消耗功率低，同時電阻材料具有成本上的競爭優勢，是為該技術的優點。以上都是非揮發性記憶體，具備待機功耗低、處理效率高的優勢，未來應用發展潛力可期。

在 DRAM、SRAM、Flash 等老牌記憶體技術愈顯吃力下，驅使記憶體朝更大容量、更快讀取速度發展，能突破既有運算限制的次世代記憶體備受關注，預料未來扮演更重要角色。事實上，次世代記憶體種類眾多，哪一種技術最終會異軍突起，成為未來明星級應用，值得留意。

表 56：主要次世代記憶體比較表

技術	特點
鐵電記憶體 FRAM	高度讀寫、無限次寫入、操作功耗低
磁阻式記憶體 MRAM	磁阻、節能、速度快、可靠性好
電阻式記憶體 RRAM	電阻、結構簡單、讀寫速度快、密度高、消耗功率低

資料來源：作者整理

Chap.06

從現在到未來的關鍵議題—
人工智慧與半導體

作者：柴煥欣

隨著人工智慧科技的持續進步，由機械學習升級至深度學習，由鑑別式AI演進至生成式AI，就連股神巴菲特都因使用人工智慧作曲而讚嘆不已。人工智慧功能越來越強大，應用也越來越深入你我生活，人工智慧能夠大放異彩，這與半導體製程技術進步當然是息息相關，輝達與台積電也在人工智慧浪潮推升下股價屢創新高，本章要帶您了解半導體在人工智慧領域所扮演角色，有助於掌握這波全球科技發展的大趨勢。

n   d   u   c   t   o   r

57 認識人工智慧產業鏈

2024年6月，人工智慧伺服器晶片巨擘輝達（NVIDIA）執行長黃仁勳來台並點名如台積電（TSMC，2330.TW）、聯發科（MediaTek，2454.TW）、廣達（Quanta，2382.TW）、鴻海（Hon Hai，2317.TW）等47家台廠為人工智慧供應鏈的重要伙伴，並表示台灣是人工智慧產業革新的後盾，瞬間讓不少人認為台灣是人工智慧大國。

然而，根據英國媒體Tortoise Media於2024年5月評比全球62個國家所公布「2023年全球AI指數排名」中，台灣僅排第26名，甚至還落後第3名的新加坡與第12名的日本。

要了解為什麼會出現認知上如此大的落差，就要先認識什麼是人工智慧產業鏈。人工智慧是由高效能運算、大數據、深度學習等三大關鍵要素所構成，因此，人工智慧產業鏈則是由決定算力的上游半導體，至構築大數據與深度學習的中游演算法與系統整合，及下游的服務與應用平台所構成。

人工智慧產業上游端半導體部分，包括CPU、GPU、TPU、FPGA等都是人工智慧核心運算元件，如聯發科、安謀（ARM）、輝達、超微（AMD）等IC設計或IC設計服務公司當然是人工智慧產業的一員，而包括台積電、聯電（UMC，2303.TW）、日月光（ASE，3711.TW）、艾克爾（Amkor）等晶圓代工與IC封裝大廠當然也是人工智慧產業鏈上游端的重要成員。另外，記憶體在人工智慧效能提升也扮演重要角色，因此，包括三星（Samsung Electronics）、美光（Micron）、SK海力士（SK hynix）也是人工智慧產業上游端成員之一。

人工智慧產業中游主要由構成深度學習的演算法及包括使用者介面與系統整合等軟體平台所組成，下游則是以人工智慧為商品提供包括商業、金融、醫療等各類服務的商業平台。建構人工智慧需要龐大的數據與資料進行訓練，因此，人工智慧中下游通常是由如蘋果（Apple）、微軟（Microsoft）、亞馬遜（Amazon）、Meta、谷歌（Google）等世界級大型雲端服務業者所投入。另外，著眼於未來自

駕車與智慧車市場的興起,包括特斯拉(Tesla)、比亞迪等電動車業者也相繼投入人工智慧市場。

因此,台積電、聯發科、日月光等半導體大廠當然算是人工智慧產業鏈的重要成員之一,但包括鴻海、廣達、英業達(Inventec,2356.TW)等人工智慧伺服器組裝業者,或是如宏碁(Acer,2353.TW)、華碩(Asus,2357.TW)等品牌 AI PC 或 AI 智慧型手機業者只能算是人工智慧製造業者,而不能算是人工智慧產業鏈的一員。

圖 57:AI 產業鏈架構及相關廠商

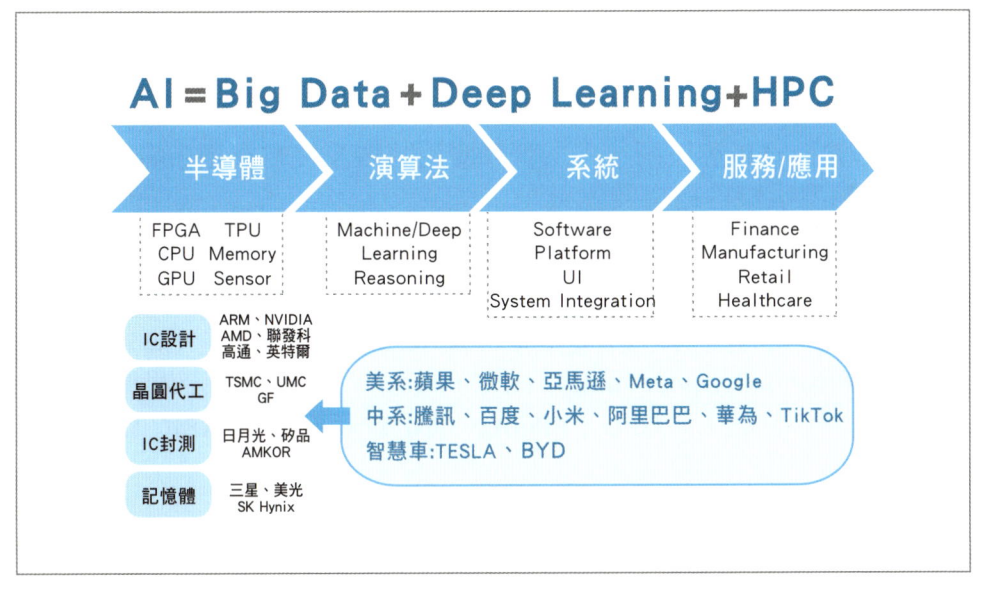

AI = Big Data + Deep Learning + HPC

半導體	演算法	系統	服務/應用
FPGA　TPU CPU　Memory GPU　Sensor	Machine/Deep Learning Reasoning	Software Platform UI System Integration	Finance Manufacturing Retail Healthcare

- IC設計:ARM、NVIDIA、AMD、聯發科、高通、英特爾
- 晶圓代工:TSMC、UMC、GF
- IC封測:日月光、矽品、AMKOR
- 記憶體:三星、美光、SK Hynix

美系:蘋果、微軟、亞馬遜、Meta、Google
中系:騰訊、百度、小米、阿里巴巴、華為、TikTok
智慧車:TESLA、BYD

資料來源:銀藏產經研究室,2024 年 7 月

58 HPC 與 IoT 為 IC 製造於 AI 領域重要平台

人工智慧需透過提供巨量資料建構多層演算法與模型進行深度學習，需要極大的算力，這個過程會在位於雲端的人工智慧伺服器進行。

之後就可以將建構好的人工智慧演算法與模型部署至邊緣設備，透過邊緣運算技術以減少資料傳輸至遠端人工智慧伺服器需求，以達成資料處理更加即時、提升資料安全性、提高穩定性與可靠性等技術優勢，更重要的是可以降低企業成本，非常適用於自動駕駛、智慧生產與物流、智慧城市、智慧醫療等需要快速回應的應用場景。

隨人工智慧生態環境日漸成熟，及對生成式 AI 需求日益提升，並能結合 VR／AR 等技術，人工智慧應用將擴及終端應用市場的 AI PC 與 AI 智慧型手機等終端裝置。

人工智慧將從雲端運算擴及至邊緣運算，乃至終端裝置，每個階段所需半導體元件也大不相同。雲端主要負責將巨量資料餵給人工智慧進行學習，因此，算力決定一切，就 IC 製造領域而言，高效能運算（High-performance computing；HPC）技術平台發展就至關重要，主要 IC 元件包括 CPU、GPU、FPGA，或是量身打造的 ASIC 核心運算元件。

然而，隨著人工智慧由鑑別式 AI 演進至生成式 AI，其中所衍生出的技術差距就如同從教幼兒去如何分辨貓與狗到教幼兒去畫出貓與狗一般，所需的巨量資料更為龐大，演算法模型也數倍複雜，IC 製造也結合前段晶圓代工技術及後段 IC 封裝技術，將 CPU、GPU 等 HPC IC 元件及 HBM 進行異質整合封裝以大幅提升效能與頻寬以滿足人工智慧算力需求。

當人工智慧應用擴及至 AI PC、AI 智慧型手機，乃至智慧汽車等終端裝置時，除對 CPU、AP 等高效能運算（HPC）IC 的算力有所要求外，外部資訊的感測與蒐集、資料傳輸的即時性亦是人工智慧於終端裝置應用技術要求重點。因此，對 IC 製造技術發展而言，除 HPC

技術平台外，物聯網（IoT）及特殊製程平台也將是重要技術發展方向。

圖 58：HPC 與 IoT 為 IC 製造於 AI 領域重要平台

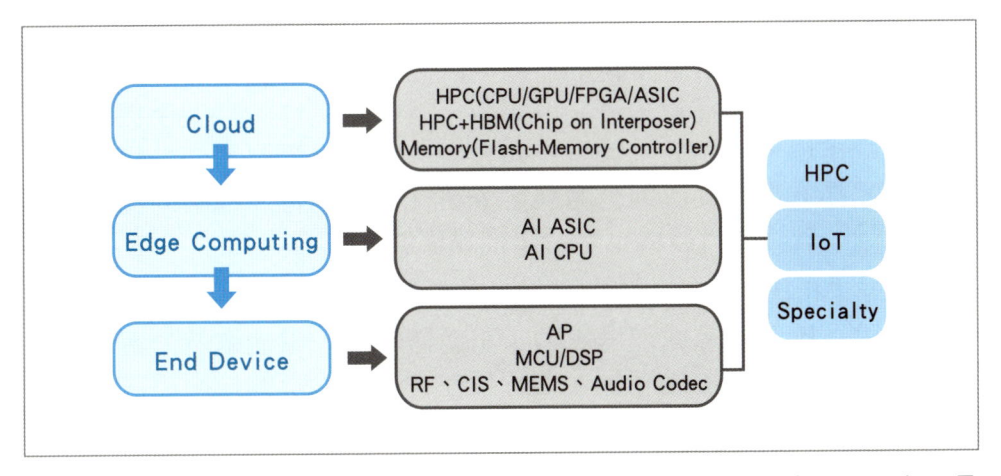

```
Cloud           →   HPC(CPU/GPU/FPGA/ASIC)
                    HPC+HBM(Chip on Interposer)         HPC
                    Memory(Flash+Memory Controller)
                                                        IoT
Edge Computing  →   AI ASIC
                    AI CPU                              Specialty

End Device      →   AP
                    MCU/DSP
                    RF、CIS、MEMS、Audio Codec
```

資料來源：銀藏產經研究室，**2024 年 7 月**

59 面對人工智慧，IC 製造的挑戰

從人工智慧應用層面觀察，將從以人工智慧伺服器為主的雲端市場向下擴散至邊緣運算，最終再擴散至 AI PC、AI 智慧型手機、智慧車等終端市場。而由人工智慧技術發展層面發展觀察，先是學習與推論都在雲端進行，其次則會發展至學習在雲端進行，推論則能在終端裝置進行，最終則將發展至學習與推論都能夠在終端進行。

然而，也因為人工智慧本身生態環境尚不夠成熟，加上終端產品本身無論在核心運算處理器算力、記憶體容量、電池續航力與低功耗等種種硬體環境亦難以滿足人工智慧在終端產品上的技術需求，這也使得人工智慧的使用仍大量依賴雲端，在終端產品所能發揮功能相當有限。但技術與市場發展方向仍朝終端產品進行，這也將對 IC 製造產業構成許多技術上的挑戰。

面對終端產品在人工智慧技術需求，算力就是王道，對 IC 製造業者而言，如何提升晶片效能就是一項重要挑戰。然而，高效能通常意味著高耗能，但包括 AI PC、AI 智慧型手機等可攜式電子產品不能因為增加人工智慧功能而縮短產品使用或待機時間，除提升電池容量外，對 IC 製造業者而言，所要面對的技術挑戰則是要達到晶片低功耗的技術要求，或者是說「在相同效能情況下達到最低功耗，或是相同功耗情況下達到最高效能」的技術要求。另外，為能讓相同體積的終端裝置獲得更大電池空間，縮小晶片面積也是一個重要技術挑戰。

要在終端產品進行人工智慧學習功能，必須要有能夠容納大數據的記憶體空間，因此，提升終端裝置記憶容量也是 IC 製造業者另一項技術挑戰。然而，最重要者在於，對於終端裝置的供應商或消費者而言，不能因為增加人工智慧功能就讓終端裝置價格顯著上升，IC 製造業者所面臨最重要技術挑戰就是晶片成本的控制，甚至是下降。

圖 59：高效能與低功耗兼顧將成為 IC 製造重要挑戰

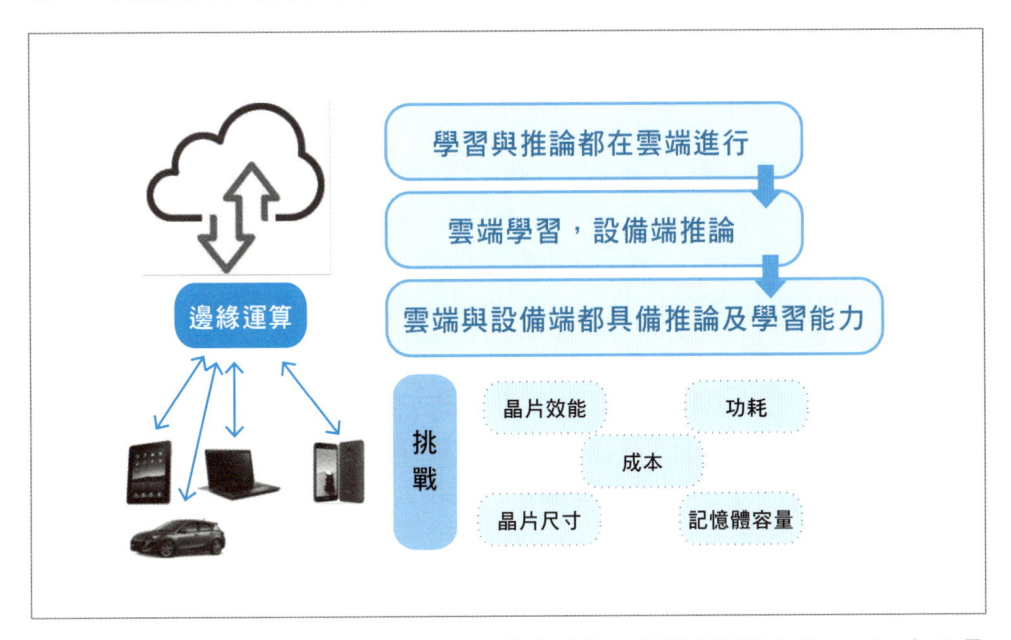

資料來源：銀藏產經研究室，2024 年 7 月

60 人工智慧讓先進製程競爭加劇

人工智慧雖讓台積電（TSMC，2330.TW）、三星（Samsung Electronics）、英特爾（Intel）等 IC 製造業者面臨高效能、小晶片尺寸、高記憶體容量、低成本等技術挑戰。然而，透過先進製程技術持續向前推進，來自人工智慧的技術性挑戰多半都能夠迎刃而解。因此，在人工智慧市場「得先進製程者得天下」這句話一點兒也不假。

觀察全球主要 IC 製造大廠先進製程發展狀況，聯電與格羅方德（GlobalFoundries）早已退出先進製程競爭賽道，最先進製程皆停留在 14 奈米製程。中芯國際雖於 2022 年第 2 季將 7 奈米製程導入量產，並為英國挖礦機晶片公司進行代工，雖然近年良率已有改善，但由於採用多重顯影技術，光罩成本仍難壓低，加上受美中晶片戰爭影響，無法取得更先進極紫外光（EUV）曝光機設備，只能使用深紫外光（DUV）曝光機設備，因此，5 奈米製程應已是技術極限。至於日本新成立的晶圓代工廠 Rapidus 規劃 2027 年將 2 奈米製程導入量產，但成本與良率是否具競爭力，這點仍有待觀察。

如果單純從技術藍圖進行比較，英特爾將於 2025 年上半將最新世代 18A（1.8 奈米）製程導入量產，即使 2025 年下半台積電與三星才將 2 奈米製程導入量產，但製程技術早已被英特爾反超，直至 2026 年下半台積電將 A16（1.6 奈米）製程導入量產，台積電才又重新拿回技術領先優勢。

然而，實際情況是至 2024 年底止，英特爾具成本競爭力的先進製程停留於 7 奈米製程，即使宣稱 2025 年上半將 18A 導入量產，但成本競爭力仍有待考驗，更重要的是，英特爾 18A 製程尚未建置足夠產能，恐怕也難滿足客戶需求。反觀台積電隨於 2025 年將 2 奈米製程導入量產，但在過去數年積極在高雄建置 2 奈米製程產能，一旦進入量產，台積電仍具十足競爭優勢。至於南韓三星近年受困於 5 奈米及 3 奈米製程良率偏低之苦，大客戶高通（Qualcomm）與谷歌（Google）也都相繼轉單台積電，因此雖與台積電同步將 2 奈米製程導入量產，但良

率問題仍有待市場考驗。

圖 60：2023 ～ 2030 年全球主要晶圓代工廠技術藍圖

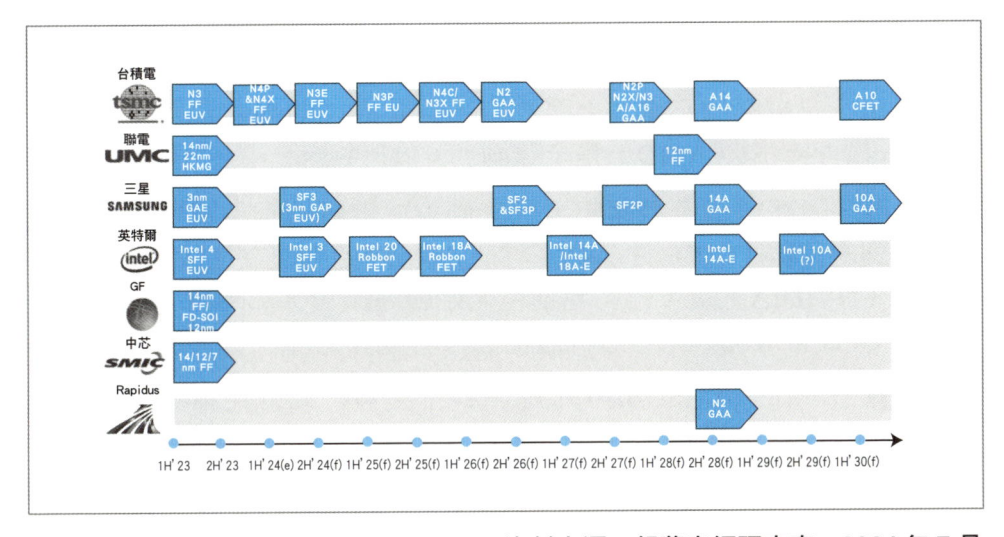

資料來源：銀藏產經研究室，2024 年 7 月

61 要了解 AI 晶片，得先知道 xPU

在 1990 年 PC 當道的年代，中央處理器（CPU）裝在桌機、筆電、伺服器中，是電腦的心臟，電腦效能好壞全看 CPU 等級高低；而英特爾（Intel）與超微（AMD）是全球兩大 CPU 供應商。

之後，隨著電腦遊戲興起，玩家們對於電腦繪圖品質要求日益提高，繪圖處理器（GPU）這個「專有名詞」開始出現在電腦玩家口中，而輝達（NVIDIA）這家公司名稱也開始嶄露頭角，那時也完全沒有人會想到 GPU 會成為人工智慧伺服器的核心運算晶片。

事實上，在 2018～2019 年輝達執行長黃仁勳就在輝達技術論壇展示並推廣搭載輝達 GPU 的伺服器解決方案，不僅強調效能不輸給以英特爾為首的 x86 架構的 CPU，更強調價格只有其競爭對手的五分之一，極具成本競爭力。然而，當時搭載輝達 GPU 的伺服器解決方案並未能獲得板卡廠商認同，使得輝達來自資料中心營收成長表現未如預期。直到 2023 年人工智慧市場興起，才讓輝達營收與獲利出現戲劇性的變化。

事實上，GPU 能夠取代 CPU，被廣泛應用於人工智慧伺服器市場並不令人意外，若以單顆元件比較，GPU 運算效能確實遠不如 CPU，但 GPU 可透過並聯形式進行平行運算以達到「1＋1＞2」的效果，而多顆 CPU 只能以串聯形式連結，運算效果更是「1＋1＜2」。除此之外，與 CPU 相較，GPU 架構簡單，無論晶片面積或製造成本都遠小於 CPU，若再加上「1＋1＞2」的效果，GPU 就可以採「螞蟻雄兵」多顆並聯的方式在算力上超越 CPU 這顆猛獅。

也因為 GPU 帶動電腦效能倍數成長，表現甚至超越摩爾定律，也讓輝達執行長黃仁勳於 2024 年多次提出超級摩爾定律（hyper Moore's Law）的概念，意即未來 10 年電腦效能會每年提高一倍或兩倍的速度大幅成長，表現遠優於摩爾定律。

除 CPU 與 GPU 外，隨人工智慧技術向前推進，人工智慧演算法（模

型）也將朝模擬人類大腦思考方向演進，進而有了類神經系統的出現，為配合新技術需求，最近數年出現如 TPU、APU、NPU 等新的邏輯運算元件，如果你要認識未來人工智慧的半導體技術發展方向，那你就要對這些 xPU 有些基本的認識。

表 61：要認識 AI 晶片，就要認識 xPU

晶圓名稱 英文縮寫	晶圓名稱 英文全名	中文全名	主要功能
CPU	Central Processing Unit	中央處理器	為電腦與伺服器的核心運算晶片
GPU	Graphics Processing Unit	繪圖處理器	專門執行繪圖運算工作的處理器
NPU	Neural Network Processing Unit	神經網路處理器	為加速如人臉辨識、圖片生成等 AI 應用而設計的處理器
TPU	Tensor Processing Unit	張量處理器	專門用於人工智慧加速機器學習的處理器
APU	Acceierated Processing Unit	加速處理器	可以輔助傳統中央處理器處理特殊類型的計算任務的處理單元
AP	Application Processor	應用處理器	應用於智慧型手機的核心運算晶片，具有低功耗技術優勢
FPGA	Field Programmable Gate Array	現場可程式化邏輯閘陣列	可以取代 ASIC，一種具設計彈性的半客製化電路

資料來源：銀藏產經研究室，2024 年 7 月

62 AI 晶片主戰場：人工智慧伺服器核心運算晶片市場

至 2024 年底止，全球主要人工智慧伺服器供應商只有輝達（NVIDIA）、超微（AMD）、英特爾（Intel）等三家晶片大廠。

其中，輝達領先其他廠商於 2022 年先後推出採用 Ampere 架構的 A100 與採用 Hopper 架構的 H100 人工智慧伺服器核心運算晶片，搭載輝達的人工智慧伺服器在 2023 年台北國際電腦展（COMPUTEX 2023）中大放異彩，這也讓輝達在人工智慧伺器市場取得先佔商機。輝達更於 2024 年乘勝追擊，推出採用 Blackwell 架構的 B100、B200、BG200 人工智慧伺服器晶片，其中 GB200 更被堪稱是人工智慧伺服器晶片旗艦級產品。

超微於 2023 年第二季也推出 MI300X 人工智慧伺服器晶片，而第一部搭載 MI300X 的人工智慧伺服器則至 2024 年第一季才推出。英特爾則是於 2024 年 4 月才推出自家人工智慧伺服器加速器 Guadi 3，搭載 Guadi 3 的人工智慧伺服器則至 2024 年第四季至 2025 年第一季才會相繼推出，這也讓輝達在全球伺服器晶片市場取得超過九成市占率。

不過，值得注意的一點是無論市占率變化如何，輝達、超微，乃至英特爾，人工智慧伺服器晶片都是找台積電（TSMC，2330.TW）代工。換句話說，台積電才是這波人工智慧浪潮的最大贏家。

除輝達、超微、英特爾等三家晶片大廠外，如谷歌（Google）、亞馬遜（Amazon）、微軟（Microsoft）、Meta 等雲端服務巨擘為透過減少對輝達依賴以降低成本，也希望開發出自家人工智慧伺服器晶片。這些大廠在 IC 設計方面多是透過與博通（Broadcom）、邁威爾（Marvell）等 IC 設計大廠，或與如世芯（Alchip，3661.TW）、創意（GUC，3443.TW）等 IC 設計服務公司合作開發。在晶圓代工方面，除 IBM 是與南韓三星（Samsung Electronics）合作，華為則是受美中晶片戰的限制必須找中芯國際代工外，美系雲端服務大廠多找台積電進行代工，這更進一步印證台積電在全球人工智慧市場所扮演的關鍵地位。

表 62-1：人工智慧伺服器核心運算晶片一覽

公司名稱	晶片名稱	晶圓代工	製程
Nvidia	A100	TSMC	N7
	H100	TSMC	N4
	B100	TSMC	N4P
	B200	TSMC	N4
	B200A	TSMC	N4P
	Blackwell Ultra	TSMC	-
	GB200	TSMC	N4P
	R100	TSMC	N3
	GR200	TSMC	N3
AMD	MI300X	TSMC	N5/N6
	MI325X	TSMC	N3
	MI350	TSMC	N3
	MI400	TSMC	-
Intel	Guadi3	TSMC	N5/N6
	Guadi4	TSMC	N3
聯發科	-	TSMC	N3

資料來源：銀藏產經研究室，2024 年 7 月

表 62-2：全球 AI 大廠相繼投入 AI 伺服器晶片研發

公司名稱	晶片名稱	晶圓代工	製程	IC 設計
Amazon	Graviton(處理器)	TSMC	-	Annapurna
	Trainium 1	TSMC	-	世芯
	Trainium 2	TSMC	N5	Marvell
Google	TPU v5	TSMC	N4	Broadcom
	TPU v6	TSMC	N3	Broadcom
	Axion(處理器)	TSMC	-	-
Microsoft	Maia 100(加速器)	TSMC	N5	創意.
	Cobalt(處理器)	TSMC	N5	-
Meta	MTIA 1	TSMC	N7	Broadcom
	MTIA 2	TSMC	N5	-
IBM	Telum(處理器)	Samsung	N7	-
	Telum 2(處理器)	Samsung	N5	-
	Spyre AI(加速器)	Samsung	N5	-
華為	Ascend 910C	SMIC	N7	-
Tiktok	-	TSMC	N5	Broadcom

資料來源：銀藏產經研究室，2024 年 7 月

63 AI 晶片新戰場：AI PC 與 AI 智慧型手機晶片

在 2024 年台北國際電腦展中，包括華碩（Asus，2357.TW）、微星（MSI，2377.TW）、宏碁（Acer，2353.TW）、技嘉（Gigabyte，2376.TW）、戴爾（DELL）、三星（Samsung Electronics）、LG 等品牌筆記型電腦大廠都有推出自家人工智慧筆記型電腦，雖因人工智慧終端應用生態環境尚不成熟，能夠給予使用者在硬體端實用的功能相對有限，也使得 2024 年下半沒有因為 AI PC 的推出而造成換機潮。但是，人工智慧由雲端市場的人工智慧伺服器擴散至終端市場的 AI PC 與 AI 智慧型手機是市場必然的發展方向。

傳統筆記型電腦 CPU 兩大強權—英特爾（Intel）與超微（AMD）當然不會在這場 AI PC 的盛宴中缺席，皆有推出自家 AI PC 的 CPU 產品，而且都還是採用以效能見長的 x86 架構。

值得注意的是智慧型手機晶片大廠高通（Qualcomm）也加入這場 AI PC 晶片戰場，並與微軟合作，推出 ARM 架構 AI PC 的 CPU 晶片，以低功耗、長使用時間為產品訴求。在沒有插電的情況下，一般筆記型電腦只能維持 1～2 個小時使用時間，而採用 ARM 架構 CPU 筆記型電腦的使用時間則是從 4 個小時起跳。

然而，這是高通第一次跨入筆記型電腦 CPU 領域，加上是使用 ARM 架構，軟體環境尚不成熟，也使得採用 ARM 架構 CPU 筆記型電腦的流暢度仍有改善空間。然而，隨著未來使用環境持續優化，採用 ARM 架構 CPU 仍有很大機會分食長期由 x86 架構所主導的筆記型電腦 CPU 市場。

也正因此，除高通外，另一家智慧型手機晶片大廠聯發科（MediaTek，2454.TW）也將結合輝達（NVIDIA）跨入 ARM 架構 CPU 領域，預計將於 2025 年推出自家 ARM 架構 CPU 產品。若再加早已使用 ARM 架構 CPU 的蘋果，未來 AI PC 的 CPU 市場將分為 x86 架構陣營與 ARM 架構陣營，亦將改變長期由英特爾與超微主導的局面。

至於 AI 智慧型手機晶片市場，在終端產品低功耗的技術需求下，無論是傳統晶片大廠高通與聯發科，或是如谷歌（Google）、蘋果（Apple）、小米、三星，乃至於華為，全數都是 ARM 架構陣營。

　　至於晶片代工廠商選擇，三星是由自家晶圓代工部門所生產，華為則是因美中晶片戰爭限制，選擇由中芯國際進行代工，其他廠商皆是交由台積電進行代工。事實上，在 AI PC 的 CPU，無論是 x86 架構陣營或是 ARM 架構，CPU 晶片也全數由台積電（TSMC，2330.TW）代工生產。易言之，整個 AI 主要終端產品的核心運算晶片也幾乎由台積電所代工生產。

表 63-1：半導體業者加入 AI PC 新戰局

公司名稱	晶片名稱	晶圓代工	製程	晶片架構
Intel	Lunar Lake	TSMC	N4	x86
Intel	Nova Lake	Intel(預定)	14A	x86
AMD	Ryzen AI 300	TSMC	N4	x86
AMD	Ryzen 5	TSMC	N3	x86
AMD	Ryzen 6	TSMC	N3E	x86
Qualcomm	Snapdragon X Elite	TSMC	N4	ARM
Qualcomm	Snapdragon X Plus	TSMC	N4	ARM
Apple	M4	TSMC	N3	ARM
Apple	M5	TSMC	N2	ARM
MTK+NVIDIA	-	TSMC	N3	ARM

資料來源：銀藏產經研究室，2024 年 7 月

表 63-2：AI 智慧型手機晶片將是半導體兵家必爭之地

公司名稱	晶片名稱	晶圓代工	製程
Qualcomm	Snapdragon 8 Gen 4	TSMC	N3P
Qualcomm	Snapdragon 8 Gen 5	TSMC	N3E
MTK	天璣 9300	TSMC	N4P
MTK	天璣 9400	TSMC	N3E
Apple	A18	TSMC	N3
Apple	A18Pro	TSMC	N3E
Apple	A19	TSMC	N3P
Google	Tensor G4	Samsung	N4
Google	Tensor G5	TSMC	N3E
Google	Temsor G6	TSMC	N2
小米	-	TSMC	N4P
Samsung	Exynos 2500	Samsung	N3
華為	麒麟 9100	SMIC	N5

資料來源：銀藏產經研究室，2024 年 7 月

64 人工智慧重要推手～認識高頻寬記憶體

無論是輝達（NVIDIA）的 A100、H100，或是超微的 MI300x，這些人工智慧核心運算解決方案都是採台積電（TSMC，2330.TW）CoWoS 技術封裝而成，其完整架構都是中央水平擺放多顆如 GPU 的運算邏輯晶片，左右兩邊各放置四顆高頻寬記憶體（High Bandwidth Memory；HBM）。根據台積電先進封裝的技術藍圖，下世代的 CoWoS 會將 12 顆高頻寬記憶體封裝進去，以進一步提升人工智慧核心運算解決方案效能，這也讓 HBM 在人工智慧浪潮下成為半導體另一項新顯學。

在過去 PC 時代，除提升 CPU 運算效能外，提升 DRAM 容量亦是提升電腦效能的另一種方法。為能增加 DRAM 容量，除依靠前段微縮製程方式在相同晶片面積提升電晶體數量外，則是透過多顆 DRAM 晶片垂直堆疊方式，再透過金屬打線的系統級封裝（SiP）技術將多顆晶片加以連結並封裝在同一顆 IC 之中。採 SiP 技術將多顆晶片同質整合封裝方式確實有效提升單顆 DRAM IC 容量，但無助於提升 DRAM 頻寬，且增加 DRAM 耗電量。

之後隨矽穿孔（TSV）3D IC 技術的出現，以三星（Samsung Electronics）與美光（Micron）為首的記憶體大廠則是將 DRAM 晶片中央留下通道並且鑽孔，DRAM 電路則佈置在晶片兩側，再對準中央通道將多顆 DRAM 晶片垂直堆疊，之後再將銅灌入通道中把 DRAM 晶片加以連結並封裝成單顆 DRAM IC。採用同質整合 TSV 3D IC 技術封裝的 DRAM IC 也因為 I／O 數大幅增加，頻寬顯著提升，這也正是現在我們現在所看到的高頻寬記憶體。

實際上，高頻寬記憶體技術亦在持續推陳出新，第一代 HBM 僅能堆疊四顆 DRAM 晶片，容量亦僅有 2GB，傳輸速率則達 1.0 Gbps。第二代 HBM 為 HBM2，最高能夠堆疊八顆 DRAM 晶片，容量則倍增至 8GB，傳輸速率則達 2.4 Gbps。至 2024 年下半，南韓記憶體大廠 SK 海力士（SK hynix）率先推出新一代 HBM3E，晶片最高能夠堆疊 12

顆，容量則擴增至 36GB，傳輸速率則達 8.0 Gbps。預估 2025 年次世代 HBM4 將會問世，除晶片最高能夠堆疊 16 顆外，容量則進一步擴增至 48GB。

圖 64-1：人工智慧重要推手～認識高頻寬記憶體

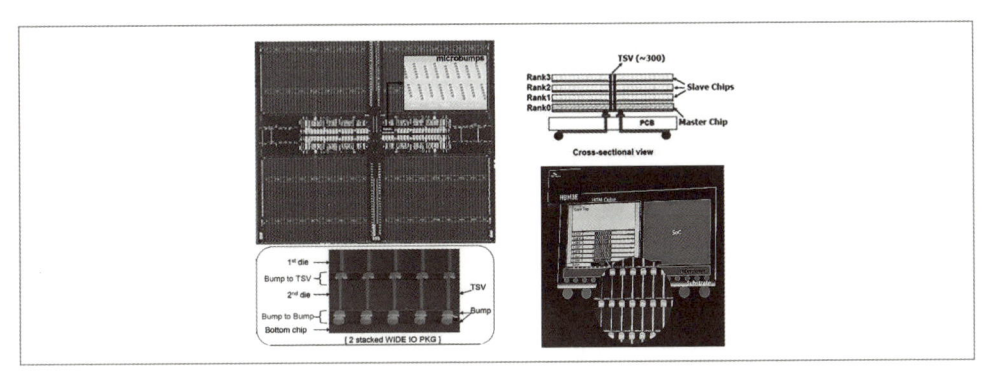

資料來源：銀藏產經研究室，2024 年 7 月

圖 64-2：HBM 技術藍圖

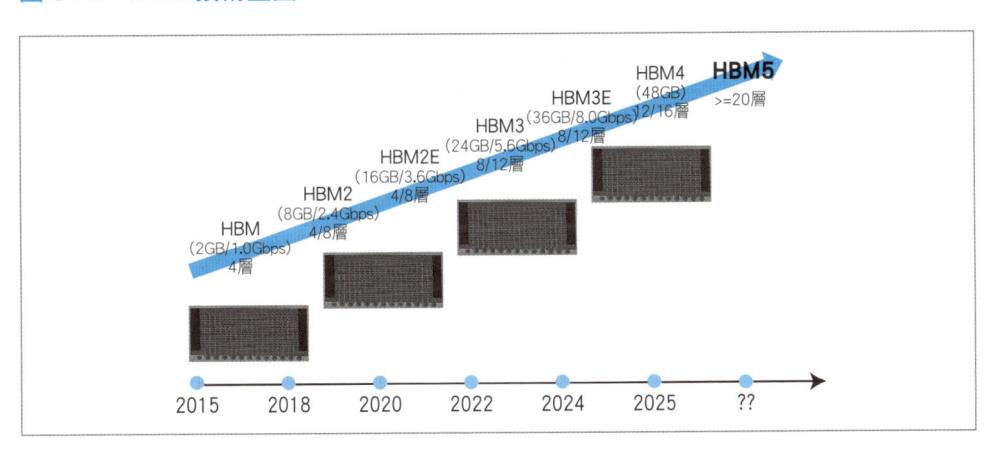

資料來源：銀藏產經研究室，2024 年 7 月

65 主要 IC 製造大廠在 IC 封裝技術布局

　　隨人工智慧市場興起，系統端對晶片算力提升需求亦大幅提升，僅憑摩爾定律已無法滿足客戶對算力及即時上市需求，這也使得後段 IC 封裝技術成為顯學，讓包括台積電（TSMC，2330.TW）、三星（Samsung Electronics）、英特爾（Intel）等 IC 製造大廠投入更多研發資源在 IC 封裝技術領域進行布局。

　　在先進封裝方面，為滿足客戶對效能大幅提升需求，台積電導入了 2.5D CoWoS 封裝技術，包括超微（AMD）與輝達（NVIDIA）的人工智慧核心運算晶片都是用該技術進行封裝。為能進一步降低成本，台積電持續投入研發，將原本採用矽中介層連結晶片的 CoWoS-S 進化至改採用重佈線層或有機中介層取代矽中介層的 CoWoS-R 與 CoWoS-L 技術。

　　在晶片 3D 垂直堆疊方面，台積電則導入 SoIC 技術，透過 Wafer-on-Wafer 或 Chip-on-Wafer 方式將晶片垂直堆疊，再以矽穿孔技術將不同種類、尺寸、製程的晶片加以連結，超微人工智慧伺服器解決方案 MI300X 內部的 CPU 與 GPU 就是透過台積電 SoIC 技術整合完成。

　　英特爾在先進封裝技術布局方面則是推出嵌入式多晶片互連橋接（EMIB）平台，透過在載板上挖溝槽並填入矽形成矽橋（Silicon Bridge）的方式將不同晶片加以連結的異質整合技術。EMIB 的優點在於它不需要中介層，因此與 CoWoS 相較，相當具有成本競爭力，但也因為 I／O 數增加數量有限，所以效能提升亦不及 CoWoS。在晶片 3D 垂直堆疊方面，英特爾則是推出 Foveros 技術平台，就是將晶片正面對正面垂直堆疊，再透過微凸塊技術透過熱壓鍵合方式加以連結。

　　三星在先進封裝與晶片 3D 垂直堆疊領域分別推出 I-Cube 及 X-Cube 兩大 IC 封裝技術平台。其中，I-Cube 與台積電 CoWoS 相當類似，也因為材料技術差異，I-Cube 技術還區分為 I-CubeS、I-CubeR、I-CubeE 等三類。X-Cube 則與英特爾 Foveros Technology 相當類似，就是以熱壓鍵合或銅混合鍵合技術將晶片連結的技術。

表 65：IC 製造廠商在 IC 先進封裝技術布局概況

		Advanced Packaging		3D Si Stacking	
台積電 tsmc	CoWoS	CoWoS-S CoWoS-R/L		SoIC	SoIC-P SoIC-X
	InFO	InFO-PoP InFO-2.5D InFO-3D			
英特爾 intel	EMIB			Foveros	
	Intel Ponte Vecchio Platform				
三星 SAMSUNG	I-Cube	I-CubeS I-CubeE I-CubeR		X-Cube	

資料來源：銀藏產經研究室，2024 年 7 月

66 次世代人工智慧解決方案

其實人工智慧並不是一項新科技，早在 1996 年由 IBM 開發深藍（Deep Blue）超級電腦問世，並擊敗俄羅斯棋王，就讓人工智慧這項科技嶄露頭角。

不過，1996 年時期人工智慧仍屬於鑑別式 AI，模型架構亦較為簡單，只要將規則建立好，再將巨量資料餵給人工智慧學習即可。就以深藍為例，就是將西洋棋的規則建立成人工智慧模型，再將大量棋譜資料輸入即構成以深藍為名的人工智慧系統。而從半導體系統架構觀察，深藍的超級電腦架構也非常簡單，就是由 CPU 負責資料的運算與處理，這與我們現在所使用的筆記型電腦大致相同。

隨著人工智慧功能日趨複雜，從單一函數進行巨量資料學習的機器學習，到讓電腦學習人類大腦思考方式，以多函數聯立方程式的模式建立多層模型的深度學習，演算法亦由單層模型演進至多層模型。人工智慧也由鑑別式 AI 進化至生成式 AI。

如果以對幼兒教育做比喻，鑑別式 AI 就好像教導幼兒去分辨貓與狗一般，而生成式 AI 則是教導幼兒憑藉所學習到的印象去畫出貓與狗，也因此，生成式 AI 演算法的模型就比鑑別式 AI 複雜許多倍，所需學習巨量資料更比鑑別式 AI 多上數十倍，甚至數百倍。

為應對日趨複雜人工智慧演算法與所需學習資料量快速成長，加上所需學習圖像化資料比重大幅升高，人工智慧伺服器的核心運算架構複雜度也就跟著日益提升，從最原始的 CPU 升級至 CPU 連結 GPU，之後為了提升圖像資料學習能力，則演變成一顆 CPU 連結多顆 GPU，每顆 GPU 則再連結一顆 HBM，但 GPU 並沒有進行並聯，此架構 CPU 功能較偏向處理器。之後為能大幅提升算力，人工智慧半導體架構成長為多顆 CPU 進行串聯，每顆 CPU 則都連結 GPU 再連結 HBM，而為讓 GPU 算力能發揮一加一大於二的效果，GPU 之間則都有進行並聯，該架構與超微的 MI300X 相當類似。

Chap.06／從現在到未來的關鍵議題—人工智慧與半導體

未來人工智慧伺服器核心運算架構則將會是多顆 CPU 與 GPU 進行相互連結，構成網狀運算系統，HBM 則不僅連結 GPU，同時也連結 CPU，意即將取代原本伺服器所建立 DRAM 模組，增加了抓取及暫存外部資料功能。至於未來人工智慧伺服器是否還需要建置傳統的 DRAM 模組則還需要進一步再觀察。

圖 66-1：從系統角度人工智慧異質整合解決方案演進

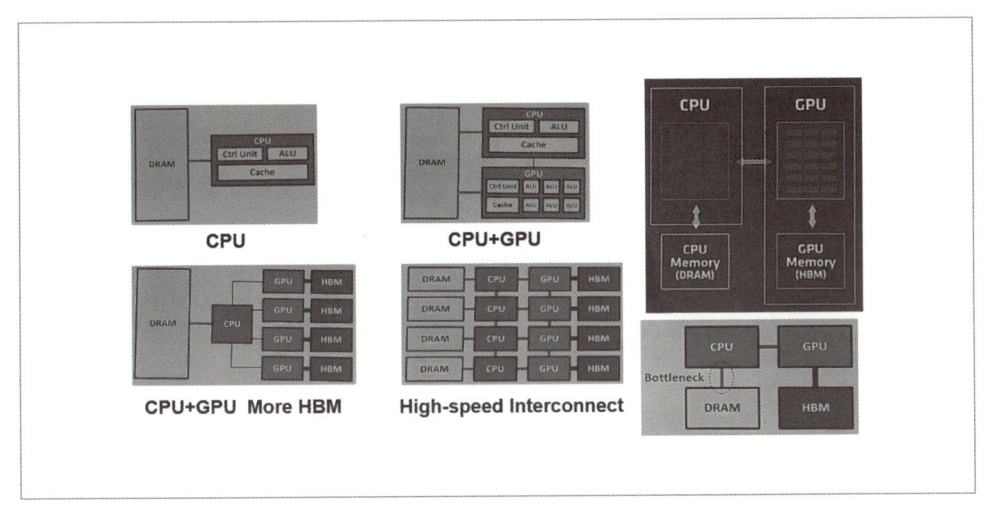

資料來源：銀藏產經研究室，2024 年 7 月

圖 66-2：次世代人工智慧系統解決方案

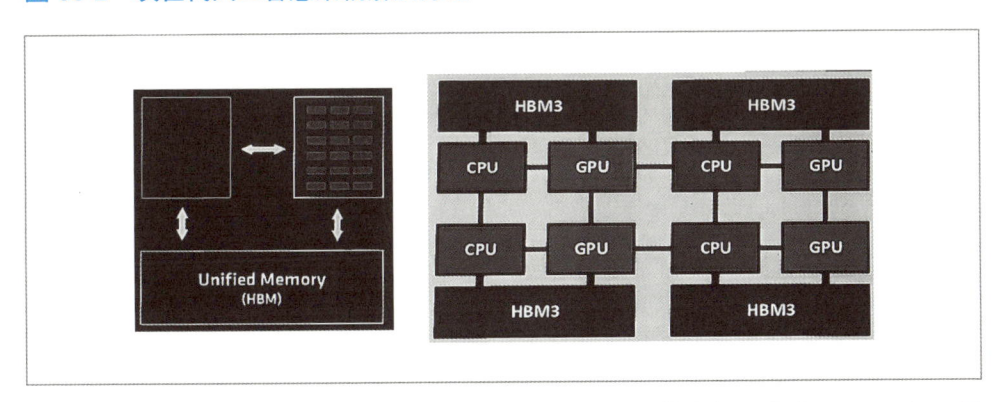

資料來源：銀藏產經研究室，2024 年 7 月

67 InFO 加 SoIC，打造 AI 終端產品異質整合方案

雖然人工智慧市場將從以人工智慧伺服器為主的雲端市場向下擴散至以 AI PC、AI 智慧型手機為主的終端市場，未來人工智慧也將發展至學習與推論都能夠在終端裝置進行，而不再只依靠雲端，這也是技術發展的必然方向。

然而，在可預見的未來，離人工智慧生態環境趨於成熟仍有相當一大段距離需要努力，加上終端產品硬體環境亦難滿足人工智慧技術需求，終端裝置仍無法負擔人工智慧學習與訓練的重責大任，而在人工智慧推論所能扮演的角色也相當有限。

即使如此，終端裝置在人工智慧推論應用方面的功能應會持續增加，意味無論 AI PC 或 AI 智慧型手機未來都能在離線的狀態執行更多人工智慧推論功能，甚至是生成式 AI 的圖文生成的功能。這也意味 AI PC 與 AI 智慧型手機的核心運算 IC 將面臨更多功能、更高整合性，甚至更高效能等技術性挑戰。但由於所面對的是消費性可攜式電子產品市場，所以還必須兼顧低功耗與成本控制的市場需求。

在效能、成本、功耗兼顧的技術條件下，台積電（TSMC，2330.TW）所推出 InFO_PoP 結合 SoIC 的異質整合先進 IC 封裝技術將是個很好的解決方案。InFO 基本上屬於晶圓級封裝，具有 IC 面積較小的優勢，此外，InFO 以重佈線層（RDL）將不同晶片整合，不僅 I／O 數較 IC 載板大幅提升，同時縮短晶片連結距離，讓 IC 效能明顯提升，與 CoWoS 相較，InFO 以 RDL 取代矽中介層，效能提升雖不如 CoWoS，但具有低成本的競爭優勢。

台積電為蘋果（Apple）智慧型手機所代工 A 系列手機晶片，除採用 InFO 封裝技術，還透過層疊封裝（Package-on-Package）技術將 DRAM 堆疊在手機核心運算晶片之上，讓 IC 整合密度進一步提升。

在面臨人工智慧終端裝置多工與效能提升的技術需求，台積電進一步推出 InFO_PoP 結合 SoIC 的解決方案。基本上該方案架構與

InFO_PoP 差別不大，主要就是將多顆 SoC 晶片透過 SoIC 技術垂直堆疊並加以整合，有助於 IC 多工與效能提升。由於 SoIC 是以矽穿孔（TSV）技術將不同晶片進行連結，走的是內部訊號，能夠讓 IC 效能獲得進一步提升。此外，不同晶片採垂直方式堆疊，亦能有效縮減 IC 面積。

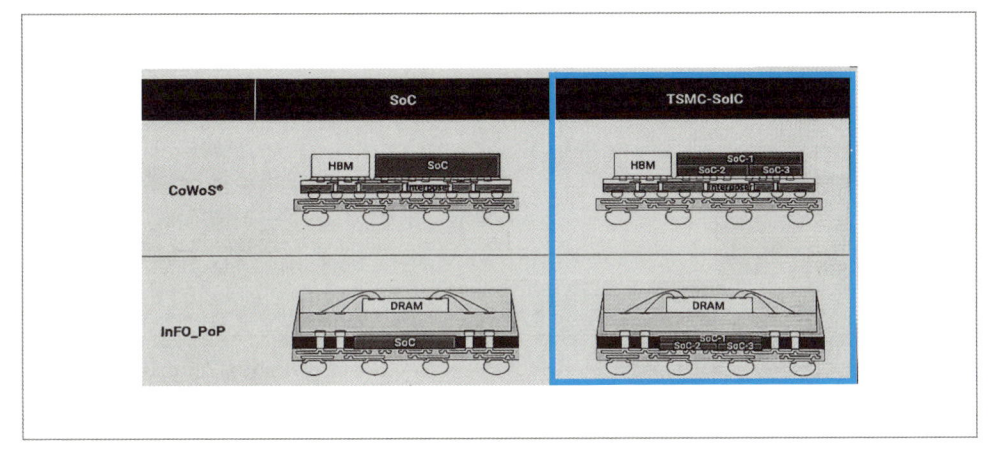

圖 67：結合 SoIC，台積電高密度 3D 堆疊先進封裝解決方案

資料來源：銀藏產經研究室，2024 年 7 月

68 提升 AI 傳輸速度的重要引擎：矽光子

為能讓人工智慧伺服器效能進一步提升，除在核心運算晶片算力持續增加外，資料傳輸速度與效能的提升亦是技術發展的另一個發展方向，這也讓光通訊領域的矽光子成為人工智慧浪潮上的另一門顯學。

其實現在電信機房的交換機或人工智慧伺服器對訊號的輸出輸入都已透過光纖進行傳輸，而非傳統銅製纜線，這是光纖具有傳遞訊號損耗很小，可以突破距離限制的優勢，加上光纖頻寬較銅製纜線更大，可以傳遞更大量數據，這項優點更加適用於人工智慧伺服器的需求。

然而，人工智慧伺服器核心運算 IC 訊號收發先是透過所連接的印刷電路板內埋的銅製線路傳送到印刷電路板另一端的由訊號處理器與調變器所封裝在一起的訊號轉換模組，進行電訊轉換成光訊號，再透過光纖將光訊號傳送出去。在這過程中，人工智慧伺服器核心運算 IC 至光學引擎的距離就已過長，造成訊號大量耗損，可靠度下降，加上又是以外部訊號形式透過銅線傳輸，不僅較耗電，且銅線頻寬有限，訊號傳輸速度不佳。

有鑑於此，這也讓包括英特爾（Intel）、台積電（TSMC，2330.TW）、日月光（ASE，3711.TW）等 IC 製造與 IC 封裝大廠紛紛投入共封裝光學（Co-Packaged Optics；CPO）技術研發，也就是透過光學訊號 I／O 小晶片設計以取代原本由訊號處理器與調變器所封裝的訊號轉換模組，再封裝進入人工智慧伺服器核心運算 IC，就可以直接連結光纖電纜將訊號輸入輸出。

這樣的技術優勢就在於電訊在 IC 內直接轉換成光訊，直接連結光纖將訊號傳輸出去，一方面可以縮短光訊號與 IC 的距離，大幅減少訊號損耗，並可獲得較高的傳輸速度，全部過程都走內部訊號，也大幅提升訊號的可靠性，並能降低功耗。另外，由於光電元件改採半導體製程，亦能大幅縮小體積。

未來台積電人工智慧伺服器核心運算 IC 異質整合 IC 封裝除先用

2.5D CoWoS 技術將邏輯運算晶片與 HBM 進行整合,再將光學元件放在同一 IC 載板上進行整合並封裝於同一顆 IC 中。未來,台積電會將光學元件直接放在 CoWoS 的矽中介層上,與邏輯運算晶片、HBM 進行整合,讓訊號傳輸速度與可靠性提升,這也意味台積電 CoWoS 先進封裝晶片整合密度未來將會進一步提升。

圖 68-1:矽光子是提升 AI 傳輸速度的重要引擎

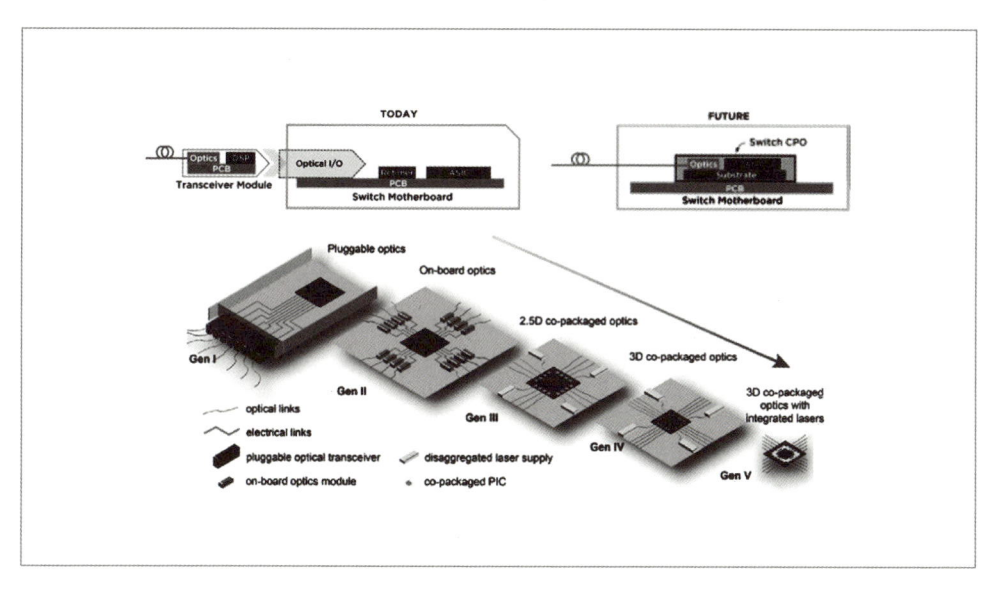

資料來源:銀藏產經研究室,2024 年 7 月

圖 68-2:台積電整合矽光子的 HPC 平台

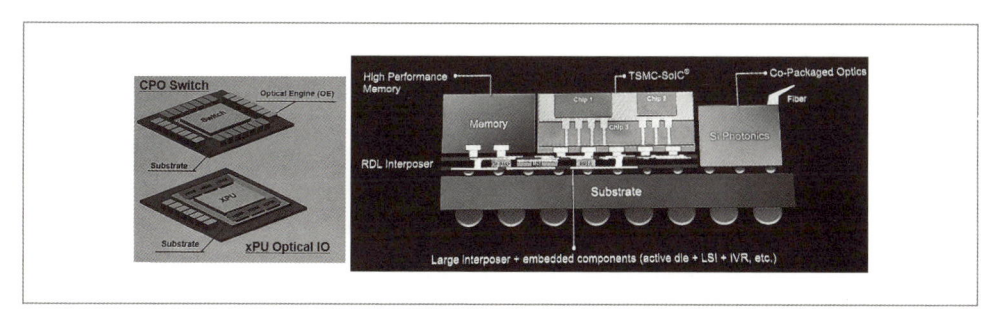

資料來源:銀藏產經研究室,2024 年 7 月

Chap.07

地緣政治與美中晶片戰對半導體產業的衝擊

作者：柴煥欣

為有效壓制中國大陸半導體產業發展，美國政府不僅祭出投資管制、出口管制等多重手段，更在 2022 年 8 月頒布《晶片與科學法案》，希望透過資金補貼途徑，吸引全球 IC 製造企業赴美設廠，以落實「Made in America」政策，讓美國重返全球半導體產業霸主地位。之後，包括歐盟、日本、南韓皆相繼頒布自家的晶片法案，一場因地緣政治而起的 IC 製造先進製程產能爭奪戰就此展開。

n　　　　d　　　　u　　　　c　　　　t　　　　o　　　　r

69 美中晶片戰爭的遠因與近因

2017年美國總統川普上任後,即著眼於人工智慧(AI)與5G的龐大商機多落入中國大陸之手,無論相關技術的專利數或市場占有率,美國都不及中國大陸,檢討其中關鍵因素就在半導體。其中,在5G晶片發展上,高通(Qualcomm)落後於華為旗下IC設計公司海思,而在AI相關高效能運算(HPC)IC製造技術,英特爾(Intel)亦落後於台積電(TSMC,2330.TW)與三星(Samsung Electronics),川普政府研判已威脅到美國的國家安全。隨後2018年發生「孟晚舟事件」,美國指控孟晚舟隱瞞華為香港子公司星通(Skycom)與伊朗的業務往來,違反美國制裁伊朗的規定,並於孟晚舟於同年12月過境加拿大時在溫哥華國際機場被捕。美國政府更將華為與中芯國際等中國指標性企業列入黑名單,為美中晶片戰爭揭開了序幕。

中國大陸在2000年進入第十個五年規畫以來,半導體產業就被列為國家戰略級產業,除中央政府提供包括所得稅、營業稅、關稅等多項租稅優惠措施外,亦提供相當豐厚的資金補貼,地方政府則提供土地、水電,甚至高階人力資源薪資補貼等優惠措施。在中央結合地方政策大力支持下,中芯國際、華虹宏力、上海華力等主要晶圓代工大廠相繼設立,並先後吸引聯電與台積電先後赴大陸設立八吋晶圓廠,中國大陸半導體產業進入高速期。

在2010年中國大陸進入第十二個五規畫後,擴大對半導體產業的政策支持,除原有租稅政策與資金補貼的支持外,並於2014年6月設立資金規模人民幣1,200到1,400億元的半導體產業扶持基金(大基金第一期),除對大陸半導體產業龍頭企業予以股權投資外,同時結合國內金融投資機構進行國際購併,期間除協助IC封測廠江蘇長電以小吃大購併新加坡的星科金朋外,還收購美國利基型記憶IC設計公司矽成積體電路(Integrated Silicon Solution Inc.;ISSI)與當時全球最大影像感測晶片(CMOS Image Sensor;CIS)廠豪威科技(OmniVision),當時紫光集團董事長趙偉國更是揚言欲買下台積電。中國大陸半導體

產業高速成長，加上一連串國際購併行為後，讓世界其他國家感受到威脅，大幅提升對中國大陸警戒，這正是美中晶片戰爭發生的遠因。

圖 69：中美晶片戰爭的前世今生

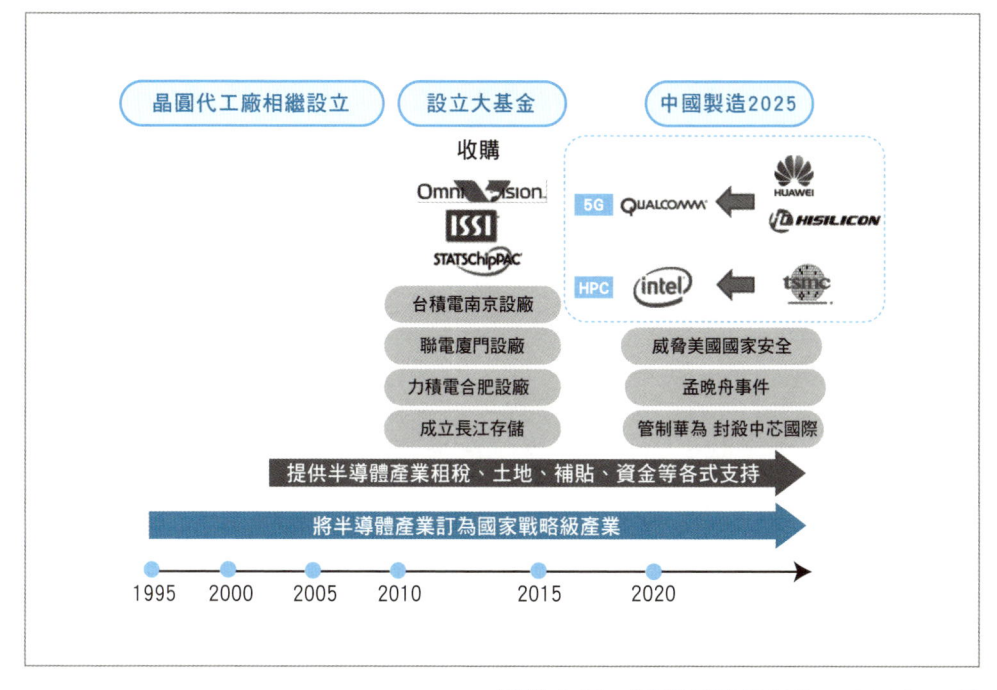

資料來源：銀藏產經研究室，2024 年 7 月

70 從矽盾到晶片戰爭

從地緣政治與國家安全等戰略角度思考，澳大利亞記者克雷格・艾迪生於 2001 年提出矽盾（Silicon Shield）的概念，意即半導體產業於全球經濟及科技產業發展具有關鍵性重要地位，台灣則在半導體產業發展具舉足輕重的地位，一旦中國以武力犯台，將會因科技斷鏈對全球科技產業，甚至全球經濟發展造成致命性打擊，必定會引來以美國為首的西方國家軍事干預。所以，台灣勢必要加強其自身在半導體產業的競爭力，無論在製程技術或產能皆然，透過矽盾為屏障，提升台海兩岸安全。

2019 年美中晶片戰爭升溫，加上新冠疫情等因素影響，造成全球電子產業鏈斷鏈，這也讓各國政府意識到半導體，尤其是先進晶片不可或缺，重要性更勝於石油，因此，先進製程產能成為兵家必爭之地。為能有效遏止中國大陸半導體產業發展，並重返美國製造優勢，美國國際史教授克里斯・米勒（Chris Miller）2022 年提出晶片戰爭（Chip War）論述，亦對拜登政府在美中晶片戰爭政策擬定有相當大影響。

拜登總統上任之初即提出三不政策，也就是不讓中國在地緣政治占有優勢、不讓中國在台海與南海取得穩定領先姿態、不讓中國在高科技領域拔得頭籌，並針對高容量電池、稀土、藥品、半導體等四大產業鏈進行檢討。更重要的是，拜登認為美國太過依賴台灣半導體產業，已造成美國國安危機，要讓美國取得長期優勢，在「晶片戰爭」的思維下，也是導致晶片法案誕生的重要原因。

從軍事角度觀察，伴隨中國大陸經濟實力增加，亦加速其軍事擴充速度，軍事實力已逐步向美國靠近中，假若美中爆發戰爭，中方雖難以取勝，但戰事僅侷限於西太平洋，美國亦無法佔得上風，加上美國財政日漸惡化，導致美方逐漸將軍事重心由第一島鏈移至第二島鏈。若是台海真的發生事端，美方恐怕無法為台灣提供足夠軍事資源。有鑑於此，為能保有足夠先進製程產能，這也是美國要求台積電赴美設廠重要原因。

圖 70：從矽盾到晶片戰爭

矽盾
(2001)
台灣專注半導體產業發展，並扮演關鍵地位，若中國大陸武力犯台，將引起以美國為首西方國家軍事干預。

晶片戰爭
(2022)
美國以國安考量，結合其盟友，透過圍堵、出口管制、提高進口關稅等策略，壓抑中國大陸半導體產業發展。並要求台積電與三星等IC製造大廠在美設立先進製程晶圓代工廠，讓美國重回全球半導體產業霸主地位。

資料來源：銀藏產經研究室，**2024** 年 **7** 月

71 力挽狂瀾，美國重返半導體霸權策略

為能有效壓制中國大陸半導體產業發展，美國拜登政府即以國安名義採取管制出口、建立實體管制清單等途徑，以多管齊下的策略對中國大陸半導體產業進行圍堵與制裁。尤其在 2022 年上半中芯國際正式將 7 奈米製程導入量產，並為英國挖礦機晶片公司進行代工，這也意味其晶圓代工製程技術水準直逼英特爾（Intel），此舉引發美國政府高度關注，加大對中國大陸半導體產業的制裁力道。

2019 年華為旗下 IC 設計公司海思在 5G 晶片市場來勢洶洶，甚至瓜分掉美系 IC 設計龍頭高通（Qualcomm）不少市占。海思能有如此優異表現，少不了台積電（TSMC，2330.TW）在晶圓代工先進製程技術優勢，海思也是台積電前五大客戶之一。為能有效壓制大陸 IC 設計產業發展，拜登政府於 2022 年下半提出晶片四方聯盟（Chip 4）概念，意即以美國為首，結合日本、南韓及台灣，對中國大陸在半導體領域進行圍堵。然而，在日本及南韓不願意失去中國大陸重要市場的考量下，Chip 4 結盟無法有效成形。

中國大陸雖早於 2000 年全力發展半導體產業，並在多方面取得顯著成就，但仍有多項關鍵性技術尚未具備競爭力，甚至還停留在初始研發階段，其中包括 EDA、半導體設備、半導體材料、DRAM 及 NAND Flash 等記憶體、CPU 及人工智慧（AI）型核心運算晶片等皆是。美國亦看準中國大陸半導體技術弱項，並對其進行出口管制，包括益華電腦（Cadence）、新思科技（Synopsys）、明導國際（Mentor Graphics）等美系 EDA 大廠在中國大陸合計市占率接近 90％，因此，美國在 EDA 領域對中國大陸進行出口管制，確實有效延緩中國半導體產業發展。

美國著眼於 AI 市場的龐大商機，亦禁止輝達（NVIDIA）、超微（AMD）、英特爾等美系晶片大廠將高階 AI 晶片輸往中國大陸。除要求美系企業對中國大陸進出口管制外，美國政府也聯合日本、荷蘭等盟友，在半導體設備及材料進行出口管制。

表 71：晶片戰爭延燒，美國限制大陸半導體產業發展各項措施

美國限制中國大陸半導體產業發展各項措施	
出口管制	EDA：禁止美系 EDA 廠商授權中國大陸半導體業者使用。
	AI 晶片：禁止 Nvidia、Intel、AMD 將高階 AI 晶片輸入中國大陸。
	記憶體：18 奈米製程以下 DRAM 及 128 層以上 NAND Flash 禁止輸入中國大陸。
	半導體設備及材料：聯合日、荷,限制半導體設備與材料輸入中國大陸。
投資管制	禁止台積電、Intel、Samsung 於 28 奈米及其以下製程在中國大陸擴產及投資。
	美國眾議院成立「美中戰略競爭特別委員會」審查美國對中投資。
實體管制清單	先後將中芯國際、華為、長鑫存儲、長江存儲、浪潮集團等中系企業列入實體管制清單。
籌組 Chip-4	以美國為首，號召台、日、韓聯手對中國大陸半導體產業進行圍堵。
技術管制	將於中國大陸工作的美國籍技術人員調回。
	限制美中科研交流。
	依據晶片法案保護條款，禁止與中國大陸共同研究及技術授權。

資料來源：銀藏產經研究室，**2024 年 7 月**

72 糖果？毒藥？美國通過《晶片與科學法案》

除壓制中國大陸半導體產業發展外，亦為降低 2019 年以來因新冠病毒疫情、美中貿易戰所造成晶片斷鏈危機，要讓 IC 製造先進製程產能留在美國，同時可以達成美國製造（Made in America）、讓美國重返世界半導體產業霸權地位，美國總統拜登於 2022 年 8 月 9 日簽署了《晶片與科學法案》（CHIPS and Science Act；以下簡稱晶片法案），用以促進美國半導體產業的發展與研究。

美國晶片法案受全球半導體業者矚目，主因在於美國政府將提供總計 527 億美元資金補助，及數百億美元的資金貸款，吸引全球半導體廠商前往美國設廠並在美國打造完整產業鏈。

其中，英特爾（Intel）預計在俄亥俄州建立新廠，將最先進製程 18A（18 埃米）的生產基地；另外也計劃擴充或翻新位於亞歷桑那、新墨西哥州、俄勒岡州的廠區，合計投資 1,000 億美元，因而使得英特爾獲得美國政府 78.7 億美元補助。台積電（TSMC，2330.TW）也在美國亞歷桑那州新建三座晶圓廠，合計投資超過 650 億美元，預計台積電將能獲得 66 億美元資金補助及 50 億美元的資金貸款。

然而，接受晶片法案資金補助的半導體企業必須接受來自美國政府的相關管制及配合事項。為持續對中國大陸半導體產業發展進行圍堵，晶片法案還設置了國家安全護欄條款，規定凡接受美國晶片法案的半導體企業在未來 10 年內不得在「被關注國家」（指中國大陸）投資或擴充 28 奈米及其以下先進製程產能，亦禁止與之共同研究及技術授權。

另外，晶片法案也增加許多具爭議的配合事項，例如接受晶片法案資金補助的半導體企業，其所賺取的超額利潤要與美國政府進行分享；或是相關企業每年要提撥 1.5 億美元提供平價托嬰服務等；受補助的企業也要提供企業細部營運資料予美國政府等，這些配合事項都會大幅提高企業的成本與營運風險，對這這些赴美投資設廠的半導體企業而言，美國晶片法案猶如糖衣毒藥一般。

表 72：是糖果？還是毒藥？美國《晶片與科學法案》

美國晶片與科學法案資金補助（總金額 527 億美元）			
公司名稱	補助金額	貸款金額	建廠或擴廠地點
Intel	78.7 億美元	-	亞利桑那州、新墨西哥州、俄勒岡州、俄亥俄州
TSMC	66 億美元	50 億美元	亞利桑那州
Samsung	64 億美元	-	德州
Micron	61.4 億美元	75 億美元	紐約州
Secure Enclave Program	35 億美元	-	-
TI	16 億美元（另有享 80 億美元租稅減免）	-	德州、猶他州
Globalfoundries	15 億美元	16 億美元	紐約州
Microchip	1.62 億美元	-	科羅拉多州、俄勒岡州
Polar Semiconductor	1.2 億美元	-	明尼蘇達州
BAE System	0.35 億美元	-	新罕布夏州

接受晶片與科學法案補助企業必須配合事項
1、未來 10 年不得在中國擴充或投資 28 奈米及其以下產能。
2、超額利潤要與美國政府進行分享。
3、承諾未來持續在美國投資。
4、說明所創造就業機會。
5、每年要提撥 1.5 億美元提供平價托嬰服務。
6、提供企業細部營運資料。
7、承諾採用美國建材與材料。

晶片與科學法案　國家安全護欄條款
1、10 年內不得在被關注國家（指中國大陸）投資或擴充 28 奈米及其以下先進製程產能。
2、禁止與被關注國家共同研究及技術授權。
3、涉及如量子運算、軍事、輻射密集環境等國家安全相關晶片全面列管。

資料來源：銀藏產經研究室，2024 年 7 月

73 歐盟《晶片法案》生效

繼美國總統拜登於 2022 年 8 月簽署了美國的《晶片與科學法案》後，歐盟版的《晶片法案》（European Chips Act；ECA）也於 2023 年 9 月正式生效。

歐盟在半導體產業的發展也具有相當的歷史，擁有如意法半導體（STMicroelectronics）、恩智浦（NXP）、英飛凌（Infineon）等國際級整合元件廠，而這些歐系半導體大廠也都是全球營收前 15 大半導體廠名單中的常客。然而，歐系半導體大廠在製程技術發展較偏向如電源管理、微機電、汽車電子與車載資通訊等特殊製程平台，對於如 5 奈米、3 奈米等先進製程技術甚少著墨，這也使得歐洲半導體全球市占率受到先進製程市場擠壓，至 2023 年低於 10%。

歐盟《晶片法案》的政策目標就是要在 2030 年前將歐盟在半導體市場的全球市占率由 10% 提升至 20%。為達成此目標，歐盟提供規模 430 億歐元的資金補助，該補助其中的 110 億歐元用在先進製程研發與產能設置，主要希望透過資金補助能夠吸引如英特爾（Intel）、台積電（TSMC，2330.TW）等擁有先進製程技術的 IC 製造廠前往歐洲設廠。

在歐盟晶片法案資金補助的吸引下，也確實吸引到英特爾、台積電、格羅方德（GlobalFoundries）等 IC 製造大廠前往歐洲設廠。其中，英特爾與台積電都在德國設廠，分別獲得 100 億歐元與 50 億歐元的資金補助；GlobalFoundries 則與意法半導體合資在法國建廠，該廠亦獲得 75 億歐元的補助。

其中，最值得關注的是英特爾在德國馬格德堡所建新廠 Fab 29.1 與 Fab 29.2 的總投資金額高達 300 億歐元，是德國史上最大的外資投資案。根據英特爾 CEO 季辛格透露未來該廠將會採用英特爾 18A 製程的升級版，接近 15 埃米製程；如果該廠建設完成，將會是歐洲製程技術最先進的晶圓代工廠。

然而,英特爾晶圓代工部門在 2023 年第 2 季至 2024 年第 2 季出現連續五季的虧損,合計虧損金額接近 100 億美元,加上來自德國政府資金補助並未全數到位,在種種不利因素影響下,讓英特爾德國建廠出現不確定性,極有可能要延後三年至 2030 年才能量產,讓歐盟晶片法案的政策目標達成蒙上一層陰影。

表 73:歐盟《晶片法案》

歐盟晶片法案	
政策目標	全球市佔率由 10% 提升至 20%。
政策期限	2030 年
投入金額	430 億歐元 (其中 110 億歐元用於先進製程技術研發)
政策架構	1、歐洲晶片計畫,縮小研究與工業活動間的差距。 2、透過向歐洲「同類首創」設施,以提高歐洲的整體晶片產量。 3、建立半導體警報系統,預防半導體供應鏈中斷。
招商成效		

廠商	建廠地點	補助金額
英特爾	德國馬格德堡	100 億歐元
台積電	德國德勒斯登	50 億歐元
意法半導體 +GlobalFoundries	法國克洛爾	75 億歐元

資料來源:銀藏產經研究室,2024 年 7 月

74 重返半導體霸權，日本公布《半導體產業緊急強化方案》

1980 年代，日本曾為全球半導體產業霸主，市占率一度超過 50%。美國政府透過《廣場協議》、《美日半導體協議》，要求日本開放市場並採浮動匯率機制，讓日圓兌美元匯率快速大幅升值，而後美國政府又對日本半導體產品課徵 100% 關稅，讓日本半導體產業因成本大幅上升進而競爭力瞬間崩跌，自此日本半導體產業就進入「失落的 30 年」。

2021 年，美國拜登政府上任，美中晶片戰爭快速升溫，美日同盟態勢逐漸成形。在美國政府的支持下，日本首相岸田文雄公布了《半導體產業緊急強化方案》。該方案首先編列 7,740 億日圓（約 70 億美元）設立半導體在地投資基金，其中 6,170 億日圓用於資助日本先進製程晶片製造，1,100 億日圓用於次世代半導體材料及電源管理 IC 的研發，470 億日圓則用於類比 IC 研發。

《半導體產業緊急強化方案》分為三階段進行，第一階段為 2020 到 2025 年，主要就是以資金補助的方式吸引如台積電（TSMC, 2330.TW）為首的 IC 製程廠商赴日本設置先進製程產能。第二階段為 2025 到 2030 年，主要是投資 6,500 億日圓設立日本第一家晶圓代工廠 Repidus，並與 IBM 及 iMEC 技術合作，共同研發 2 奈米製程。第三階段則是 2030 年後將透過與美國共同研發次世代半導體製程技術，讓日本重回全球半導體產業霸權之列。《半導體產業緊急強化方案》具體政策目標即是要在 2030 年前讓日本半導體產業產值成長三倍，達 15 兆日圓。

除《半導體產業緊急強化方案》外，2022 年日本政府又根據《經濟安全法》將半導體定義為攸關經濟生活與經濟活動的產品。為此，日本政府提撥 3,080 億日圓（約 28 億美元）進行新的補貼方案，補貼對象為營收來自電源管理 IC、處理器、數位轉換器等半導體元件超過三分之一的企業，及公司營收來自惰性氣體等半導體材料超過二分之一的企業，還要能夠穩定持續生產十年，並優先提供日本國內使用，

符合上述條件的企業都能夠獲得資金補貼，而且不限日本本國企業。

圖 74：日本半導體產業緊急強化方案

編列7,740億日圓設立半導體在地投資基金

2020~2025 國內生產基地迅速壯大	2025~2030 通過美日合作獲得下世代技術	2030~ 創新技術的開發與傳播
透過資金補助方式吸引以台積電為首的IC製造廠商赴日本設置先進製程IC製造廠。	投資6,500億日圓成立日本首家晶圓代工廠Rapidus，透過與iMEC及IBM技術合作，共同研發2奈米製程。	在美國政府支持下，讓日本重返全球半導體產業霸權之列。

目標：2030年日本半導體產值提升3倍至15兆日圓。

資料來源：銀藏產經研究室，2024 年 7 月

75 打造超級半導體聚落 南韓推動《半導體支援計畫》

2021年美中晶片戰爭持續升溫，在美國政府要求下，包括台積電（TSMC，2330.TW）、三星（Samsung Electronics）、SK海力士（SK hynix）等台韓半導體大廠皆不能赴中國大陸投資與擴充28奈米及其以下先進製程產能，這對在中國大陸擁有龐大記憶體晶片產能與市場的三星與SK海力士造成相當大的困擾。雖然日後該項禁令在南韓政府大力奔走與遊說下獲得赦免，但南韓半導體產業發展策略早已轉變，從原本市場導向的全球布局改變為集中投資於南韓的本土導向策略，目標就是要超越台積電，將南韓打造成全球最大IC製造基地。

為達到此政策目標，南韓政府於2021年5月公布投資金額高達622兆韓圜（約4,800億美元）的《K-半導體戰略推動策略》，並以此為基礎，南韓政府更於2024年9月推動《半導體支援計畫》，目標就是要於未來20年內在首爾南方京畿道打造並實現「半導體超級聚落」。

與美、日、歐版本的晶片法案相較，南韓對半導體產業投資金額最為龐大，政策目標與政策規劃也最明確。在政策目標方面，2030年前南韓非記憶體晶片全球市占率由7％提升至10％，南韓的半導體材料、零組件、設備自製率由30％提升至50％。

為達此政策目標，南韓政府則是透過租稅減免、資金補貼、股權投資、低利貸款等優惠措施來扶植南韓半導體企業。在半導體人才培育方面，也訂立明確政策目標，南韓政府將透過增加大學半導體相關科系招生名額與強化產學合作等途徑，計劃未來十年培育出3.6萬名半導體相關科系人才。另外，該計畫在水、電、道路等基礎設施也納入考量。

表 75-1：南韓《K-戰略推動策略》

\multicolumn{2}{c	}{K-半導體戰略推動策略}
投入金額	622 兆韓圜
地點	京畿道龍仁市遠三面
面積	2.1 萬公頃
租稅優惠	1、提供研發 40~50% 租稅減免。 2、提供設施投資 10~20% 租稅減免。 3、大型半導體業者設備投資抵減稅率由 8% 提升至 15%。 4、小型半導體業者設備投資抵減稅率由 16% 提升至 25%。 5、今年投資金額高於過去 3 年平均值，可以另享 10% 租稅減免。
財政支持	1、投入超過 1 兆韓圜金額，設置半導體設備專項基金。 2、投資 1.5 兆韓圜，用於次世代功率半導體、人工智慧半導體、先進感測器研發。
加強人才培育	目標：未來 10 年培育 3.6 萬名半導體相關科系人才。 1、增加大學半導體相關科系招生名額。 2、強化產學合作。

資料來源：銀藏產經研究室，2024 年 7 月

表 75-2：南韓《半導體支援計畫》

\multicolumn{2}{c	}{半導體支援計畫}
政策方向	1、未來 20 年在首爾南方京畿道打造並實現「半導體超級聚落」計畫。 2、讓南韓成為全球最大 IC 製造中心。 3、強化南韓半導體產業鏈韌性。
政策目標	1、2030 年前打造月產能 770 萬片 12 吋晶圓的 IC 製造中心，2047 年前晶圓廠由 21 座增加至 37 座。 2、2030 年前非記憶體晶片全球市佔率由 7% 提升至 10%。 3、2030 年前南韓的半導體材料、零組件、設備自製率由 30% 提升至 50%。
政策實際規劃	1、在板橋市建立 IC 設計園區。 2、在華城、龍仁、利川、平澤建立晶圓製造及記憶體生產聚落。 3、在安城建立半導體材料、零組件、設備的園區。 4、在興器與水原建立研發中心。
財政與租稅支持	1、啟動 18.1 兆韓圜「半導體金融支援計畫」，透過南韓開發銀行低利貸款額，促進企業投資。 2、擴大半導體生態基金規模至 1.1 兆韓圜，對半導體材料、零組件、設備、IC 設計業者股權投資。 3、延長「國家戰略技術租稅抵減」申請期限 3 年，適用範圍擴大至半導體材料、零組件、設備業者。 4、2025-2027 年投資 5 兆韓圜用於研發、商業化、人才培育。 5、622 兆韓圜 (K-半導體戰略推動策略)。 6、投入 26 兆韓圜增強南韓半導體生態系競爭力。
基礎建設	1、解決龍仁地區水、電、道路問題。 2、興建液化天然氣發電廠。 3、規劃長距離輸電線路。

資料來源：銀藏產經研究室，2024 年 7 月

76 地緣政治加速台積電全球布局

　　2019年受新冠疫情與美中貿易戰影響，發生全球晶片斷鏈危機，因為晶片缺貨造成汽車產業與電子產業鏈生產停擺，也造成許多國家失業率惡化，晶片荒所造成的危機至2022年才出現緩解。受到全球晶片危機的衝擊，許多國家都意識到晶片（尤其是採先進製程的高階晶片）的重要性不亞於石油，躍居為國家戰略等級物資。隨著美中晶片戰爭進入白熱化階段，先進製程IC製造產能成為兵家必爭之地，使得各國政府相繼推出自家晶片法案，透過資金補貼等優惠措施，吸引擁有先進製程技術的IC製造廠商前往設置晶圓代工廠，希望能將IC製造產能留在國內，降低晶片斷鏈所帶來的風險。

　　就在美中晶片戰升溫與地緣政治不確定性提高的壓力下，也迫使台積電（TSMC，2330.TW）推動全球布局策略，分別在美國亞歷桑那州、日本熊本、德國德勒斯登等三地新建12吋晶圓代工廠。其中，熊本廠與日本索尼（SONY）、電裝（DENSO）合資興建，後來日本汽車大廠豐田（TOYOTA）也加入投資；德勒斯登廠則是台積電與英飛凌（Infineon）、博世（Bosch）和恩智浦（NXP）等歐系半導體大廠合資設廠。未來熊本廠與德勒斯登廠訂單能見度較佳。

　　雖然台積電海外建廠都有獲得當地政府資金補貼，可以降低部分建廠成本，然而，與台灣相較，美、歐、日等地無論水、電、人力薪資成本都相對較高，加上國際局勢充滿不確定性，通貨膨脹陰影揮之不去，如何克服成本升高的難題，讓台積電仍能維持優異獲利表現，是台積電海外設廠所要面臨的挑戰之一。

　　台積電亞歷桑那廠建廠過程中，面對不止一次工人罷工等來自工會的挑戰，這不僅造成建廠進度的延誤，也讓亞歷桑那廠的建廠成本增加。在建廠期間，經常聽到美籍工程師無法適應台積電加班文化而頗有微詞；未來待亞歷桑那廠邁入正式營運，難保類似問題不會發生。況且，德國工會強悍程度絕不亞於美國。這將對台積電新廠營運效率帶來不利影響。如何修好國際管理學分，建立適合歐美地區的企業文

化，也是台積電海外建廠所要面臨的重要挑戰。

圖 76：地緣政治加速台積電全球布局

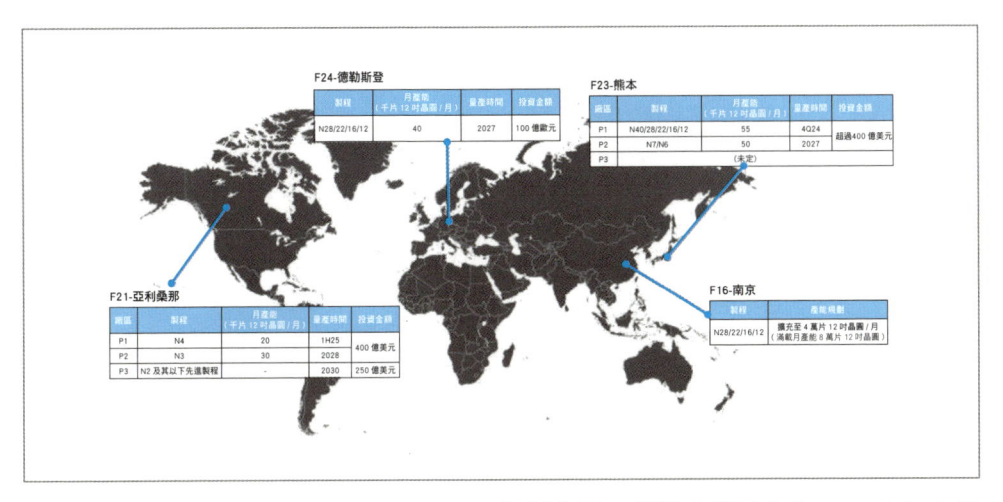

F24-德勒斯登

製程	月產能 (千片 12 吋晶圓／月)	量產時間	投資金額
N28/22/16/12	40	2027	100 億歐元

F23-熊本

廠區	製程	月產能 (千片 12 吋晶圓／月)	量產時間	投資金額
P1	N40/28/22/16/12	55	4Q24	超過400億美元
P2	N7/N6	50	2027	
P3		(未定)		

F21-亞利桑那

廠區	製程	月產能 (千片 12 吋晶圓／月)	量產時間	投資金額
P1	N4	20	1H25	400 億美元
P2	N3	30	2028	
P3	N2 及其以下先進製程	-	2030	250 億美元

F16-南京

製程	產能規劃
N28/22/16/12	擴充至 4 萬片 12 吋晶圓／月 (滿載月產能8萬片 12吋晶圓)

資料來源：銀藏產經研究室，**2024** 年 **7** 月

77 出口管制，圍堵中國半導體產業發展成效有限

美中晶片戰爭自 2019 年掀開序幕以來，2021 年拜登總統上任之後開始升溫，2022 年美國政府透過《CHIP-4》及《晶片與科學法案》加大對中國大陸半導體產業圍堵力道，加上結合日本與荷蘭等盟國在半導體設備與材料進行出口管制，美中晶片戰爭進入白熱化階段。時至 2024 年，美中晶片戰爭歷經將近五年時光，美國對中國大陸半導體產業圍堵策略是否奏效？

先從荷蘭曝光機大廠艾司摩爾（ASML）來自中國大陸營收表現觀察。為壓制大陸晶圓代工廠在先進製程技術快速發展，美國政府嚴格禁止將極紫外光（Extreme Ultraviolet；EUV）曝光機與部分高階深紫外光（Deep Ultraviolet；DUV）曝光機售予中國大陸。然而，艾司摩爾來自中國大陸營收自 2023 年下半開始快速攀升，2023 年第 3 季至 2024 年第 2 季期間每季平均都能超過 40 億美元，占艾司摩爾營收比重更是逼近五成水準。不只艾司摩爾，美商應用材料（Applied Materials）與日商東京威力科創（Tokyo Electron；TEL）等半導體設備大廠，自 2023 年下半以來，來自中國大陸營收比重也超過四成水準。

從中芯國際在先進製程研發進度觀察，該公司在 2022 年上半就將 7 奈米製程導入量產，並為英國的挖礦機晶片公司進行代工，當時中芯國際採用 DUV 曝光機設備加上多重曝光顯影技術進行 7 奈米製程代工生產。

2022 年上半中芯國際 7 奈米製程良率表現不具成本競爭力，可說是做一片、賠一片的慘況。但經過兩年時間研發，2024 年中芯國際 7 奈米製程良率已出現明顯提升；然而，由於採用多重顯影技術，光罩成本依然居高不下，讓中芯國際 7 奈米製程代工成本仍高於台積電與三星（Samsung Electronics）等領導廠商。即使如此，中芯國際依然對次世代 5 奈米製程投入研發。

從半導體設備廠商營收數據與中芯國際先進製程研發進度觀察，

美國對中國大陸半導體產業採取圍堵與出口管制策略的效果相對有限，無法完全扼殺中國大陸半導體產業發展，但也確實拖慢其發展速度。

圖 77：出口管制，圍堵中國半導體產業成效受考驗

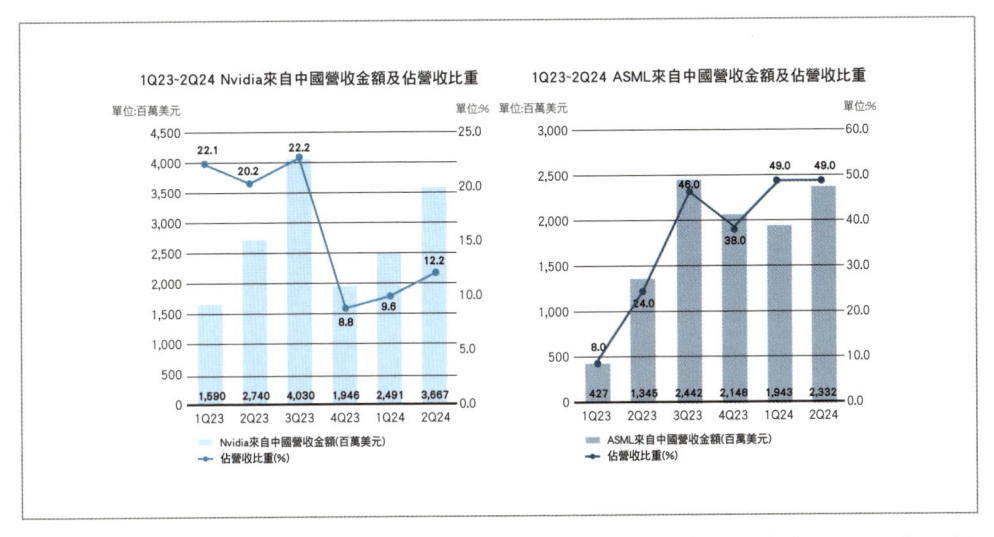

1Q23-2Q24 Nvidia來自中國營收金額及佔營收比重					
1Q23	2Q23	3Q23	4Q23	1Q24	2Q24
1,590	2,740	4,030	1,946	2,491	3,667
22.1%	20.2%	22.2%	8.8%	9.6%	12.2%

1Q23-2Q24 ASML來自中國營收金額及佔營收比重					
1Q23	2Q23	3Q23	4Q23	1Q24	2Q24
427	1,345	2,442	2,148	1,943	2,332
8.0%	14.0%	46.0%	38.0%	49.0%	49.0%

資料來源：銀藏產經研究室，2024 年 7 月

Chap.08

政策導向　認識中國大陸半導體產業發展

作者：柴煥欣

美中晶片戰以來，美國對中國大陸半導體產業發展進行多方壓制與圍堵，亦讓中國大陸半導體產業成為全球關注焦點之一。事實上，中國大陸半導體產業遲至2000年才正式發展，起步遠落後台美日韓，但自十五規畫以來，半導體產業即被中國大陸政府列為國家戰略級產業，在政策長期支持下，產值呈現一路成長態勢。

n　　　d　　　u　　　c　　　t　　　o　　　r

78 中國大陸半導體產業起飛

早在 1988 年由恩智浦（NXP）與上海化學工業區投資實業合資成立中國大陸第一家晶圓代工廠上海先進半導體（ASMC），其後由首鋼與日本 NEC 合資的首鋼日電（SGNEC），及由華虹集團與日本 NEC 合資的華虹 NEC（HH NEC），尚有由華潤集團所投資的無錫華潤上華（CSMC）等晶圓代工廠商相繼加入。然而，2000 年以前中國大陸半導體產業不僅產業鏈尚未形成，製程技術也都掌握在外商手中，本土技術研發則僅處於萌芽階段。

十五規畫（2001～2005 年）與十一五規畫（2006～2010 年）期間，半導體產業被列為國家戰國略級產業，是國家扶植的重點產業之一，中國大陸政府也因而推出多項優惠政策與措施，加上地方政府亦提供建廠土地及水電價格等政策支持，亦讓包括中芯國際、和艦科技、台積電松江廠、宏力半導體等中國大陸主要晶圓廠商都於十五規畫期間設立，讓中國大陸 IC 製造產業正式進入起飛與成長期。

其中，在十五規畫期間，中芯國際在上海建造三座 8 吋晶圓廠，並於 2002 年陸續投產，一躍成為中國大陸第一大晶圓代工廠商。和艦科技則於蘇州建立月產能六萬片的 8 吋晶圓廠，為十五規畫時期規模最大的 8 吋晶圓廠。至於宏力半導體、上海先進半導體、台積電松江廠 8 吋廠亦於 2003 年正式投產。

十一五規畫期間，除成芯與華潤華上各有一座 8 吋晶圓廠投產外，主要產能的開出則為中芯國際位於上海的 12 吋廠，及位於武漢交由中芯國際託管的武漢新芯 12 吋晶圓廠。

2000 年以前中國大陸晶圓代工產業是以 6 吋晶圓廠為主要產能；十五規畫時期，中國大陸晶圓代工產業所開出新產能則以 8 吋晶圓廠為主；到了十一五規畫時期，中國大陸新增產能則進化為以 12 吋晶圓為主，顯見中國大陸晶圓代工產業在十五規畫與十一五規畫時期呈現急起直追態勢。

總計 2000 年至 2010 年，中國大陸主要晶圓代工業者產能合計增加六座 6 吋晶圓廠、十一座 8 吋晶圓廠及三座 12 吋晶圓廠；至 2010 年第 4 季底，中國大陸前八大晶圓代工廠季產能相當於同時期台積電單季總產能的 52.4%，超過聯電單季總產能。

圖 78：中國大陸主要晶圓代工廠成立時間

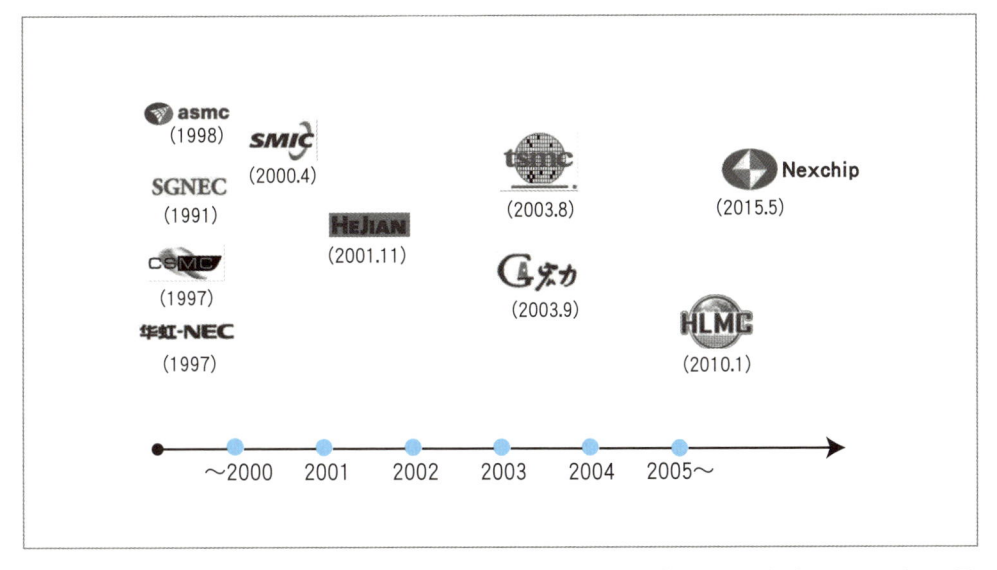

廠商	成立時間
asmc	(1998)
SMIC	(2000.4)
SGNEC	(1991)
HeJian	(2001.11)
tsmc	(2003.8)
Nexchip	(2015.5)
CSMC	(1997)
宏力	(2003.9)
华虹-NEC	(1997)
HLMC	(2010.1)

資料來源：銀藏產經研究室，2024 年 7 月

79 十五至十一五，中國大陸扶植半導體產業發展相關政策

十五與十一五規畫中，中國大陸將半導體產業列為國家扶植的重點產業之一，因而推出多項優惠政策與措施。

其中，除 2001～2010 年中國大陸 GDP 成長一倍，國民可支配所得快速增加，以增強民間消費能力，進而擴大內需市場，藉此帶動中國大陸半導體產業成長外，亦推出多項租稅優惠與補貼措施。

根據《國發 18 號文》的規範，對投資金額超過人民幣 80 億元，且製程技術小於 0.25 微米的 IC 製造廠商都可以享有租稅上的優惠，其中，包括了營業增值稅與設備進口時的關稅減免，當企業開始獲利時，營業所得稅亦能享有「三免兩減半」。

而在補貼措施方面，對於企業在借款利息、興建廠房，亦都能獲得中國大陸政府補助津貼。為能讓晶圓代工與封裝測試產業技術得以持續升級，亦規定地方政府編列一定比率預算，對專項支持的關鍵領域與重點項目給予資金的支持。

以中芯國際為例，自 2002 年以來持續享有來自中國大陸政府各項租稅優惠與補貼。尤其自 2005 年北京 12 吋廠投產跨入 0.13 微米製程後，中芯來自政府獎勵款與興建廠房津貼的金額明顯提高。

除租稅優惠與政府補貼外，在進口政策上，亦將關鍵設備與零組件、先進技術、重要生產原料列為積極擴大進口項目。另外，中國大陸亦結合國家本身身份證及社會保障 IC 卡的換卡政策，與新一代無線寬頻通訊技術的發展政策，亦為中國大陸 IC 製造業創造不少商機。

最重要者，為建立以市場為導向、私人企業為主體的經濟社會，中國大陸透過股市、債市等金融市場的開放，除能提供多元化籌資管道，並降低政府資金直接挹注的比重外，同時也鼓勵外資參與中國大陸高科技企業的投資。企業利用金融市場籌資方式所獲得可觀的資本利得，才是推動中國大陸半導體產業，尤其是中國大陸 IC 設計業能夠快速發展的重要原因。

圖 79：十五至十一五 中國大陸扶植半導體產業發展相關政策

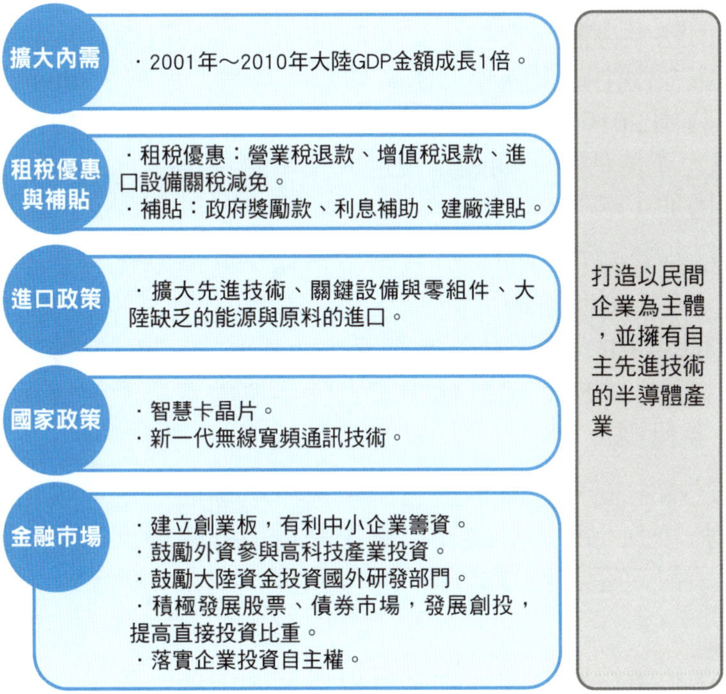

- **擴大內需**
  - 2001年～2010年大陸GDP金額成長1倍。

- **租稅優惠與補貼**
  - 租稅優惠：營業稅退款、增值稅退款、進口設備關稅減免。
  - 補貼：政府獎勵款、利息補助、建廠津貼。

- **進口政策**
  - 擴大先進技術、關鍵設備與零組件、大陸缺乏的能源與原料的進口。

- **國家政策**
  - 智慧卡晶片。
  - 新一代無線寬頻通訊技術。

- **金融市場**
  - 建立創業板，有利中小企業籌資。
  - 鼓勵外資參與高科技產業投資。
  - 鼓勵大陸資金投資國外研發部門。
  - 積極發展股票、債券市場，發展創投，提高直接投資比重。
  - 落實企業投資自主權。

→ 打造以民間企業為主體，並擁有自主先進技術的半導體產業

資料來源：銀藏產經研究室，**2024 年 7 月**

80 十二五規畫期間，中國大陸半導體產業發展目標

中國大陸半導體產業在十二五時期所訂定的目標為，2015 年包括整合元件廠在內中國大陸半導體產業產值將達人民幣 3,300 億元，全球市占率也將由 2010 年 7.1％躍升至 2015 年 15％，若由 2010 年人民幣 1,440.8 億元產值估算，期間年複合成長率將達 18％，產值於十二五規畫期間再增加 1 倍。

在結構調整目標方面，分為產業結構、區域結構，及企業結構等 3 個方向。產業結構目標方面，由 2010 年中國大陸各半導體產業鏈占產值比重觀察，IC 設計占產值比重 25％，IC 製造與封裝測試則合占 75％，預期 2015 年 IC 設計佔中國大陸半導體產業產值比重將能以提高至 30％為目標。

區域結構方面，除原本長三角、京津環渤海、泛珠三角等半導體產業重鎮持續強化外，亦遵循「國民經濟與社會發展第十二個五年規劃綱要」所訂定產業西進政策，布局重慶、成都、西安、武漢等側翼地區。

至於在企業目標方面，十二五規畫期間中國大陸半導體產業政策發展方向將從追求產能與產值的成長，轉變為先進技術與先進產能研發能力的提升，以過去政府資金直接挹注轉變為強化金融市場機制的運作，培育出一批具技術創新能力且有相當全球市占率的半導體企業。

落實於具體的數字上，即是要在 2015 年前，培育出 5～10 家年營收超過人民幣 20 億元的 IC 設計公司，1～2 家年營收超過人民幣 200 億元的晶圓代工廠，及 2～3 家年營收超過人民幣 70 億元的封測廠，其中，至少要有一家 IC 設計公司能夠擠入全球前 10 大 IC 設計公司排名中。

技術發展目標則是 2015 年前，IC 設計產業要能具 22 奈米製程與自有矽智財權核心晶片設計能力。

晶圓代工產業方面，12 吋晶圓產能朝將 28 奈米製程導入量產，5

吋～8吋晶圓產能亦要能夠掌握微機電（MEMS）、高壓、類比等特殊製程技術。

封測產業則要提高覆晶封裝（Flip Chip；FC）、晶片級封裝（Chip Size Package；CSP）、多晶片封裝（Multi Chip Package；MCP）、矽穿孔（Through Si Via；TSV） 3D IC 等高階封測技術水準。

圖 80：十二五規畫期間，推動中國大陸半導體產業發展重要相關政策

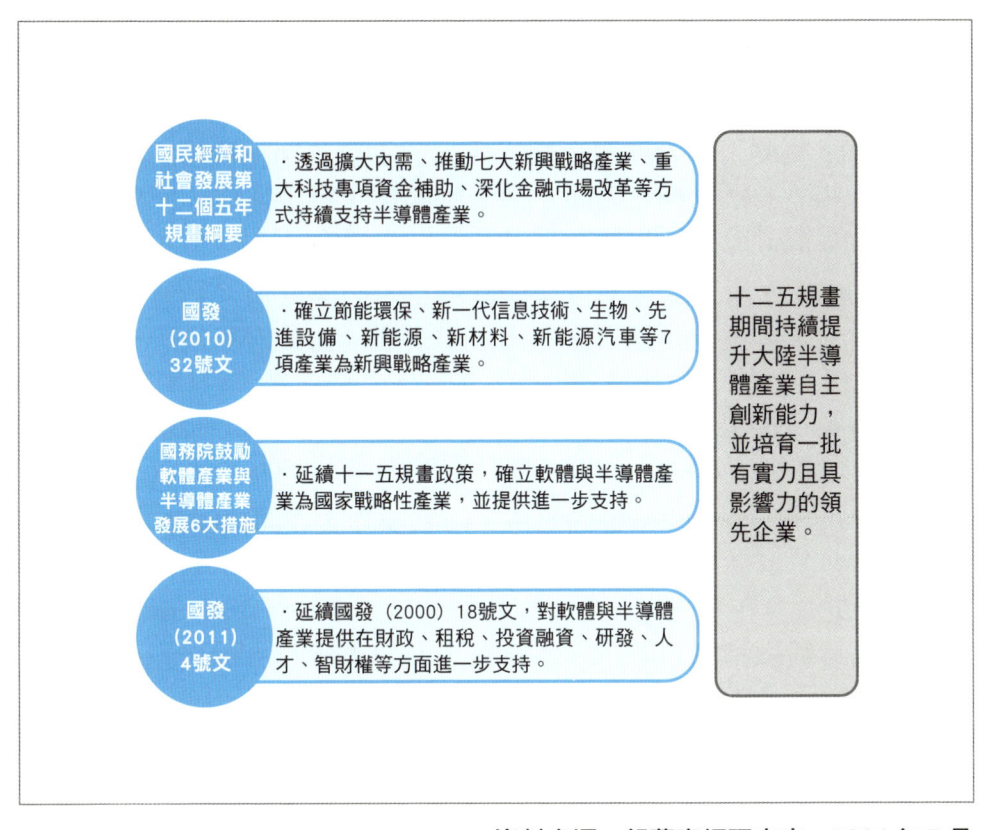

政策	內容	總結
國民經濟和社會發展第十二個五年規畫綱要	・透過擴大內需、推動七大新興戰略產業、重大科技專項資金補助、深化金融市場改革等方式持續支持半導體產業。	十二五規畫期間持續提升大陸半導體產業自主創新能力，並培育一批有實力且具影響力的領先企業。
國發(2010) 32號文	・確立節能環保、新一代信息技術、生物、先進設備、新能源、新材料、新能源汽車等7項產業為新興戰略產業。	
國務院鼓勵軟體產業與半導體產業發展6大措施	・延續十一五規畫政策，確立軟體與半導體產業為國家戰略性產業，並提供進一步支持。	
國發(2011) 4號文	・延續國發(2000) 18號文，對軟體與半導體產業提供在財政、租稅、投資融資、研發、人才、智財權等方面進一步支持。	

資料來源：銀藏產經研究室，2024 年 7 月

81 大陸半導體企業租稅優惠比較

　　如同國發（2000）18號文對十五規畫期間，乃至十一五規畫期間對中國大陸半導體產業發展的重要影響，國發（2011）4號文亦是十二五規畫期間對半導體產業發展最重要、影響力最大的政策，主要原因在於國發（2011）4號文對中國大陸半導體業者於租稅補貼與財政支持等相關措施都有明確制定。

　　2001年至2010年中國大陸政府對半導體產業支持法規主要為國發（2000）18號文，對半導體企業支持方式主要包括租稅優惠與直接財政支持。其中，租稅優惠方面，給予半導體企業增值稅的減免及關稅的退稅，IC設計企業則另享有企業所得稅的減免優惠。

　　直接財政支持方面，則包括借款利息、興建廠房，乃至晶圓代工與封裝測試產業技術升級研發費用，中央與地方政府都給予補助與津貼。種種優惠措施，也使得包括中芯國際、和艦科技、台積電松江廠、宏力半導體等中國大陸主要晶圓廠商都於十五規畫期間相繼設立，IC設計業者家數也由2000年98家增加至2005年近500家水準。

　　2011年進入十二五規畫期間後，中國大陸政府即以國發（2011）4號文為主要半導體產業政策，對半導體產業的政策支持明顯限縮，最主要支持方式為租稅優惠，但由原本增值稅減免改成企業所得稅減免，表示僅有具備獲利能力的企業才能夠享有租稅優惠；稅基的減少，亦表示企業所能得到租稅優惠的金額也減少。

　　IC設計企業雖另有免徵營業稅的優惠，但對IC設計業者資格認定趨向嚴格，僅有具營收規模與獲利能力，或產品與研發方向符合國家重點項目的新設IC設計公司才能獲得補助，政策目的即是鼓勵新設IC設計公司，這也讓2013年底中國大陸IC設計公司家數成長至632家。

表 81：國發（2000）18 號文與國發（2011）4 號文對中國大陸半導體企業租稅優惠比較

租稅別		增值稅	關稅與進口增值稅	營業稅與折舊	企業所得稅
國發 18 號文	IC 設計	2010 年前增值稅 17%，超過 6% 部分即徵即退，用於研發與產線擴張。	符合規定之企業，免徵關稅與進口增值稅。	無	自獲利年起，企業所得稅可享 2 免 3 減半優惠。國家規畫布局重點的企業當年未享免稅優惠者，企業所得稅減至 10%。
	IC 製造		投資金額超過人民幣 80 億元，或採 0.25 微米製程之企業，免徵關稅與進口增值稅。	生產性設備折舊年限最短可為 3 年。	無
國發 4 號文	IC 設計	無	無	免徵營業稅。	自獲利年起，企業所得稅可享 2 免 3 減半優惠。國家規畫佈局重點的企業當年未享免稅優惠者減按 10% 徵企業所得稅。
	IC 製造	無	無	無	採 0.8 微米以下製程，自獲利年起，企業所得稅享 2 免 3 減半的優惠。採 0.25 微米以下製程，或投資金額超過人民幣 80 億元者，企業所得稅減到 15%，自獲利年起，享 5 免 5 減半的優惠。半導體封裝、測試、專用材料、設備等領域之企業，所得稅優惠。

資料來源：銀藏產經研究室，2024 年 7 月

82 推動半導體產業發展重要推手：大基金

2014年，中國國務院發佈《國家積體電路產業發展推進綱要》，除分階段規劃中國大陸IC產業發展目標至2030年外，更將設立IC產業股權基金為扶植IC產業政策主要方向加以確立，即以入股方式解決半導體資金不足問題。也正因此，中國大陸政府設立資金規模人民幣1,200～1,400億元的產業扶持基金就成為十二五規畫後期最受市場注目的政策重點。

該基金主要用途則包括推動半導體企業合併、支持中國大陸半導體企業與國外企業開設合資公司或收購國外企業，及對地方政府興建半導體產業園區的支持，但基金支持重心則會放在半導體龍頭企業，對IC設計企業的支持也僅鎖定前10大廠商。有別於直接補貼，由於基金是以股權投資方式進行，如果被扶持企業依然經營不善，政府擁有優先退出權將投入資金予以收回。

由半導體產業鏈別來看基金使用分配比重，IC製造將佔40％，IC設計占30％、封測及設備材料則占30％。然而，實際上興建先進製程晶圓代工產線所需經費龐大，大基金用在IC製造的比重高達80％，IC設計、封測與設備材料所占比重而受到擠壓。

大基金主要支持對象是以如中芯、華虹宏力、江蘇長電等中國大陸龍頭級半導體廠商，與海思、展訊等中國大陸前十大IC設計公司，目的就是為了打造具世界級規模且具技術競爭力的半導體企業。

大基金除直接投資中芯國際約31億港元，成為中芯國際第二大股東外，還投資人民幣50億元予由中芯國際與北京市政府、中關村公司合資設立的中芯北方，對中芯國際於北京建大造第二座12吋晶圓廠提供資金上的支持。

除支持國內大型半導體企業持續擴張外，大基金也對購併國際半導體企業提供支持。其中，大基金就投入30億美元協助當時全球第五大IC封測廠江蘇長電以小吃大，於2014年12月購併當時全球第四大

IC 封測廠新科金朋。

此外，包括 2015 年 3 月以武岳峰資本為首的 Uphill 收購美國利基型記憶體 IC 設計公司矽成積體電路（Integrated Silicon Solution Inc.；ISSI），及 2015 年 4 月以清芯華創為首的資本集團成功收購 CMOS Image Sensor 大廠豪威科技（OmniVision），推測該兩筆購併案部分資金亦是獲得大基金的支持。

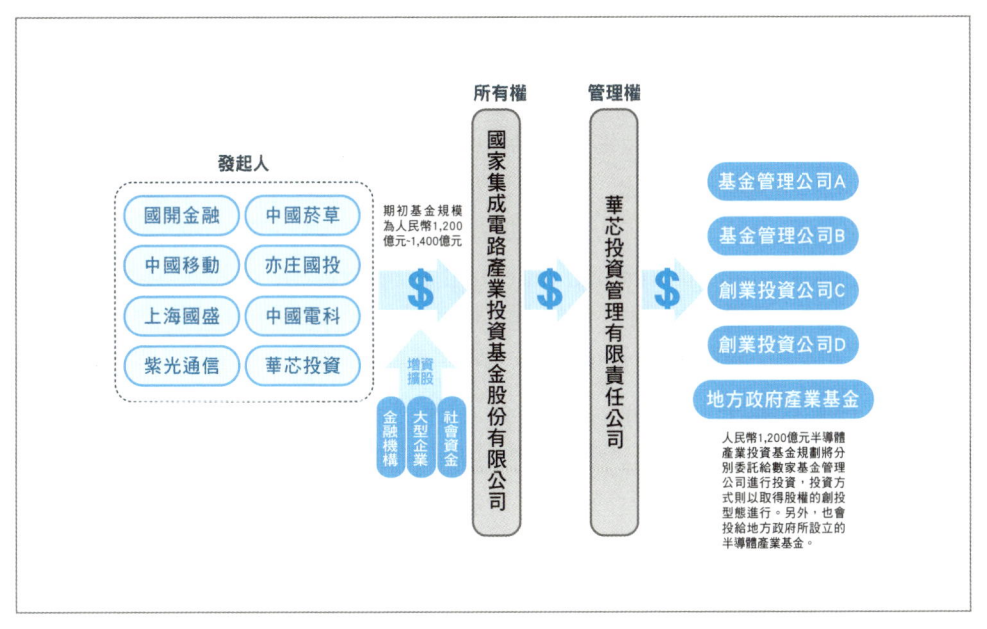

圖 82：推動半導體產業發展重要推手：大基金

資料來源：銀藏產經研究室，2024 年 7 月

83 再接再厲！大陸政府推出大基金二期與三期

2014年中國大陸政府設立資金規模人民幣1,200～1,400億元（實際募得金額為人民幣1,387億元）的半導體產業扶持基金（大基金第一期），雖然因為對發展半導體產業策略存在不少錯誤認知，導致許多投資浪費與弊端叢生，但對於直接入股投資中芯國際並助其興建全新12吋晶圓廠，及協助國內企業與投資機構收購如星科金朋、豪威科技等國際級半導體廠商仍留有不小貢獻。

2019年美國川普政府掀起美中貿易戰，也讓中國大陸政府意識到美國將會對其半導體產業進行制裁，也因此設立資金規模達人民幣2,041億元的大基金第二期，政策目標除持續對半導體產業鏈中的各龍頭企業進行資金上的支持以擴充其規模外，也將針對半導體設備、材料、矽智財（Semiconductor Intellectual Property；IP）等相關企業進行資助與扶持，主要目的即是要補足中國大陸半導體產業鏈空缺的部分，以降低在美中貿易戰被卡住關鍵技術的不利影響。

2024年，美中晶片戰持續升溫，加上適逢美國總統大選，亦讓拜登政府加大對中國大陸半導體產業發展打擊力道。為減低關鍵技術遭圍堵的不利影響，中國大陸政府設立資金規模高達人民幣3,440億元的大基金第三期，政策目標即是要健全中國大陸半導體產業鏈，除針對半導體設備、材料、EDA、記憶體及高頻寬記憶體（HBM）等弱項技術進行投資，主要就是要克服美中晶片戰爭被「卡脖子」環節的技術發展；此外，也鎖定未來商機所在的人工智慧關鍵技術進行投資，包括晶圓代工先進製程的技術推進，及異質整合先進IC封裝的技術發展。

從一至三期大基金投資方向軌跡進行觀察，由最初一味擴充產能與購併的大規模投資，至後來對設備材料、EDA、記憶體等具關鍵技術的中小規模的半導體企業進行扶持，中國大陸政府對半導體產業發展逐漸有了正確認知，不僅減少投資浪費與弊端外，也在著重技術發展與投資的策略下，進而強化半導體產業韌性。

表83：各期大基金介紹

半導體產業扶持基金（大基金）				
期別	設立時間	基金規模	戰略目標	主要投資方向
第一期	2014年	人民幣 1,387億元	解決 產能不足問題	1、支持產業鏈龍頭企業 2、併購國外半導體企業 3、與國外大企業合作以取得技術 4、發展半導體產業園區
第二期	2019年	人民幣 2,041億元	填補 產業鏈空白	1、支持產業鏈龍頭企業 2、提高國產半導體設備採購 3、發展半導體產業園區 4、加大對記憶體與IDM投資
第三期	2024年	人民幣 3,440億元	健全 半導體產業鏈	1、克服美中晶片戰卡脖子環節 2、發展人工智慧相關半導體技術 3、先進封裝 4、記憶體與HBM 5、持續發展半導體設備、材料、EDA技術

資料來源：銀藏產經研究室，2024年7月

84 十三五規畫期間，大陸政府對半導體產業政策支持

　　由《中華人民共和國國民經濟與社會發展第十三個五年規劃綱要》觀察與分析，十三五規畫期間，中國大陸仍將延續十一五與十二五規畫政策目標，追求經濟持續成長。然而，在中國大陸經濟基期相對偏高，加上全球景氣不確定性等因素干擾，2015年至2020年中國大陸國內生產毛額年複合成長率定在6.5％，意即2010年至2020年國內生產毛額由2015年人民幣67.6兆元成長至2020年92.7兆元，成長動能較十二五規畫期間7％略為下滑。

　　中國大陸著眼於能在物聯網、雲端運算（Cloud Computing）、大數據（Big Data）等領域佔有一席之地，加上將製造業數位化、網路化、智慧化亦為中國大陸重要戰略目標，有別於過去數個五年規畫，十三五規畫期間，中國大陸亦新增提升物聯網普及率定為重要政策目標。其中，固網寬頻家庭普及率將由2015年40％提升至2020年70％，移動寬頻用戶普及率則將由2015年57％提升至2020年85％。

　　由普及網通基礎建設的角度反映至中國大陸IC設計企業研發方向，包括4.5G／5G智慧型手機核心晶片、數位電視晶片、4.5G／5G基地台相關晶片、伺服器與個人電腦的中央處理器、有線無線網通晶片、連結（connectivity）晶片、電源管理晶片、記憶體相關晶片等IC產品都將會是十三五規畫期間中國大陸對IC設計企業研發重要支持方向。

　　中國大陸IC製造業者除產能的提升外，在兼顧低功耗與效能的IC產品發展方向下，28奈米及其以下先進製程與電源管理、感測器等部分特殊製程的研發，亦將成為中國大陸半導體產業政策支持方向。

　　與十二五規畫期間相同，半導體產業被歸類於新一代資訊技術項下基礎建設中的一環，意即只要符合條件的相關半導體企業，皆可以獲得政策支持，其中，包括人工智慧、新型顯示器、移動智慧型終端裝置、5G相關核心晶片、先進感測晶片、可穿戴式裝置等項目相關晶片，皆會成為十三五規畫期間中國大陸對IC產業所支持的發展項目。

圖 84：十三五規畫中國大陸 IC 產業政策目標

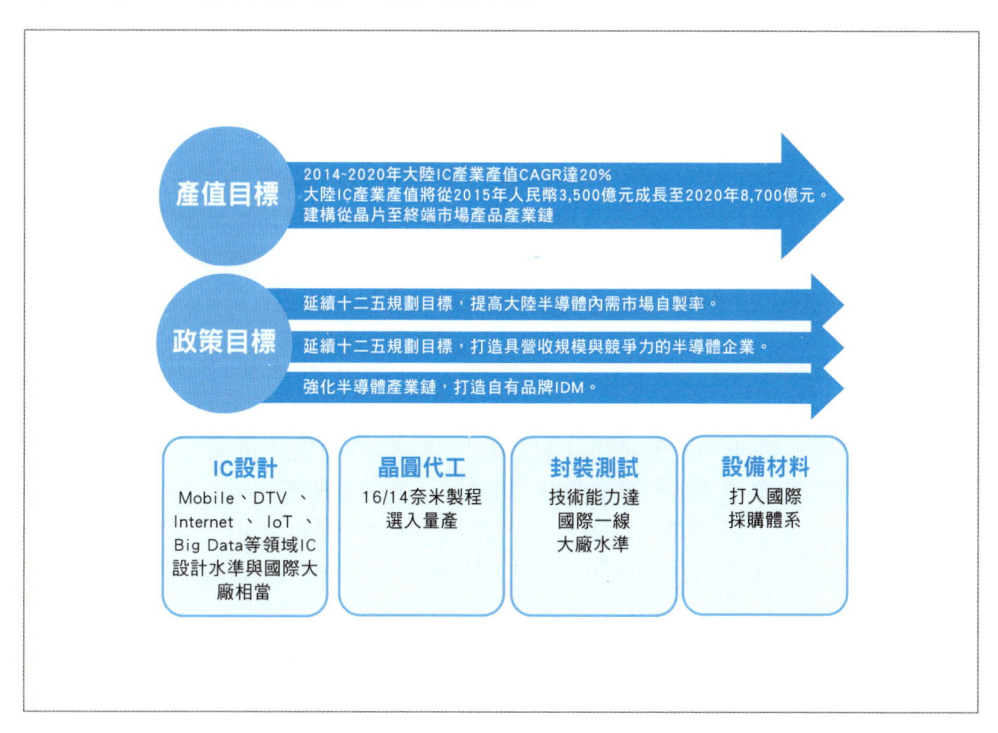

產值目標
2014-2020年大陸IC產業產值CAGR達20%
大陸IC產業產值將從2015年人民幣3,500億元成長至2020年8,700億元。
建構從晶片至終端市場產品產業鏈

政策目標
延續十二五規劃目標，提高大陸半導體內需市場自製率。
延續十二五規劃目標，打造具營收規模與競爭力的半導體企業。
強化半導體產業鏈，打造自有品牌IDM。

IC設計
Mobile、DTV、Internet、IoT、Big Data等領域IC設計水準與國際大廠相當

晶圓代工
16/14奈米製程選入量產

封裝測試
技術能力達國際一線大廠水準

設備材料
打入國際採購體系

資料來源：銀藏產經研究室，2024 年 7 月

85 《國家半導體產業發展推進綱要》政策目標與支持

導因於中國大陸 IC 產業面對 IC 內需市場自製率偏低、IC 製造與 IC 設計產業技術能力不足，及產業集中度不足難以打造產業鏈等問題，同時也解決中國大陸 IC 製造業者資金不足問題，中國大陸國務院於 2014 年 6 月發佈《國家集成電路產業發展推進綱要》。

其中，對整體中國大陸 IC 產業政策目標，2014 年至 2020 年產值年複合成長率要超過 20%。若以推進綱要短期目標所設立短期目標 2015 年中國大陸 IC 產業產值將達人民幣 3,500 億元推算，至 2020 年中國大陸 IC 產業產值將達 8,700 億元，不僅產值將較十二五規畫期末（即 2015 年底）再成長一倍以上，若以 2015 年至 2020 年中國大陸 IC 內需市場規模年複合成長率 8% 假設計算，至 2020 年中國大陸 IC 內需市場自製率將提升至 44%。

中國大陸 IC 設計產業政策目標則是除持續發展行動通訊與網路通訊的 IC 設計技術外，並以此為基礎，跨入雲端運算、物聯網、巨量資料等相關晶片設計水準與國際一線大廠相當。

至於中國大陸 IC 製造政策目標則是晶圓代工製程技術在 2020 年前能將 16／14 奈米製程導入量產，封裝測試技術則能與日月光（ASE，3711.TW）、艾克爾（Amkor）等國際一線大廠齊平。至於半導體設備材料領域，則是希望能在 2020 年前打入國際採購供應鏈。

《國家集成電路產業發展推進綱要》最重要的政策目標不僅僅是要打造從半導體設備、IC 設計、晶圓代工、封裝測試等 IC 端完整產業鏈，更要進一步延展至軟體、整機、系統，乃至資訊服務，打造一個從 IC 到終端市場，甚至是系統平台服務的產業鏈。

要達到政策目標，《國家集成電路產業發展推進綱要》亦對 IC 產業給予政策支持，除既有重大科技專項、租稅優惠、擴大金融支持外，值得注意即在於半導體產業投資基金的設立，及對國際合作、兩岸合作的支持。

圖 85：《國家半導體產業發展推進綱要》的政策目標與政策支持

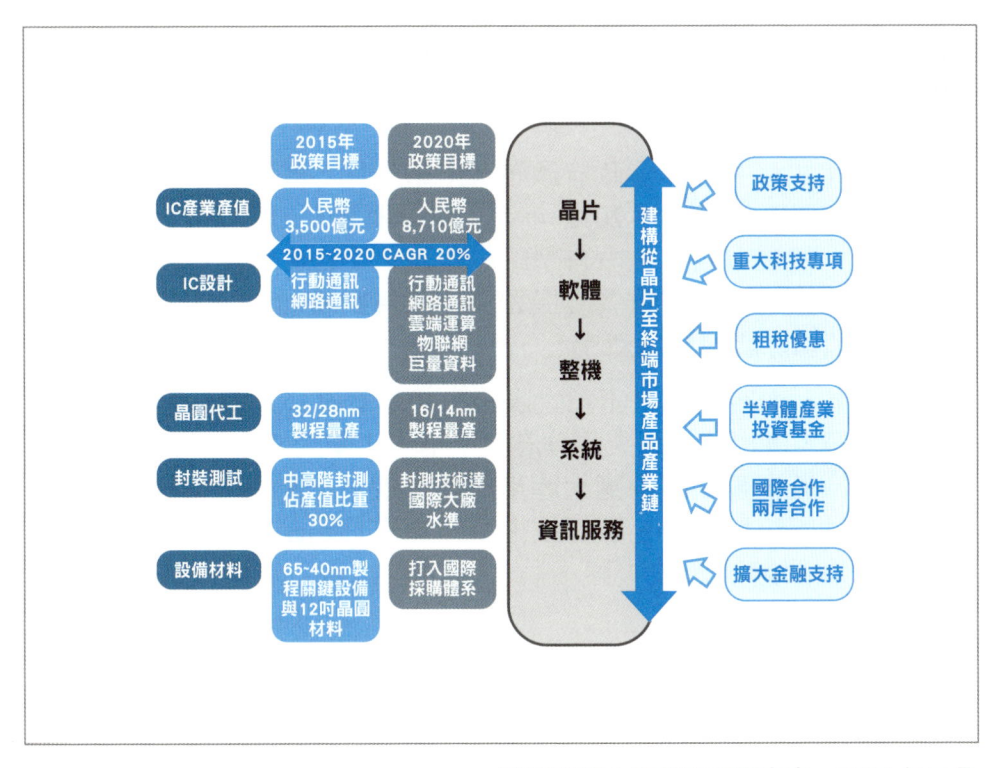

	2015年政策目標	2020年政策目標		
IC產業產值	人民幣3,500億元	人民幣8,710億元		政策支持
	2015~2020 CAGR 20%			重大科技專項
IC設計	行動通訊網路通訊	行動通訊網路通訊雲端運算物聯網巨量資料	晶片↓軟體↓整機↓系統↓資訊服務	租稅優惠
晶圓代工	32/28nm製程量產	16/14nm製程量產	建構從晶片至終端市場產品產業鏈	半導體產業投資基金
封裝測試	中高階封測佔產值比重30%	封測技術達國際大廠水準		國際合作兩岸合作
設備材料	65-40nm製程關鍵設備與12吋晶圓材料	打入國際採購體系		擴大金融支持

資料來源：銀藏產經研究室，2024 年 7 月

86 十四五規畫打造自主科技

2021 年 3 月中國大陸政府頒布《中華人民共和國國民經濟和社會發展第十四個五年規劃和 2035 年遠景目標綱要》，其中，人工智慧、量子電腦、積體電路、生命科學、腦科學、生物育種及深地深海等都被列為國家戰略等級的重要發展領域，並規劃將北京、上海、粵港澳大灣區打造國際級科技創新中心。

事實上，十四五規畫頒布之際，已是拜登總統執政、美中晶片戰爭升溫之際，這也讓中國大陸政府對半導體產業的政策扶植轉趨低調，對於在十四五規畫期間中國大陸半導體產值、自製率、全球市占率，甚至是財政與租稅支持、製程技術目標皆沒有明確規劃，僅針對美中晶片戰爭在關鍵技術被卡脖子狀況定出科技自立自強的主要政策目標。

由十四五規畫與《強國科技行動綱要》所規劃九大新興產業觀察，包括 5G 行動通訊、物聯網、大數據、新能源汽車等產業都被列為國家支持重要產業，不難推斷這也將成為中國大陸政府對 IC 設計產業研發重要支持方向。另外，為解決半導體關鍵技術遭圍堵問題，並增強半導體產業韌性，中國大陸政府也在 2024 年成立大基金第三期，加強投資 EDA、半導體設備及材料。

除中央政府政策支持外，中國大陸也針對半導體重點企業加強扶持，其中包括持續投資中芯國際，除產能擴充外，也加速對 7 奈米製程，乃至 5 奈米及其以下先進製程研發與導入量產，也對中國大陸第二大晶圓代工廠華虹宏力興建該公司第一座 12 吋晶廠（華虹九廠）提供財政支持。另外，也對華為在 IC 設計與 IC 製造技術發展提供不同形式的支持。

圖 86：十四五規畫產業戰略目標為打造自主科技

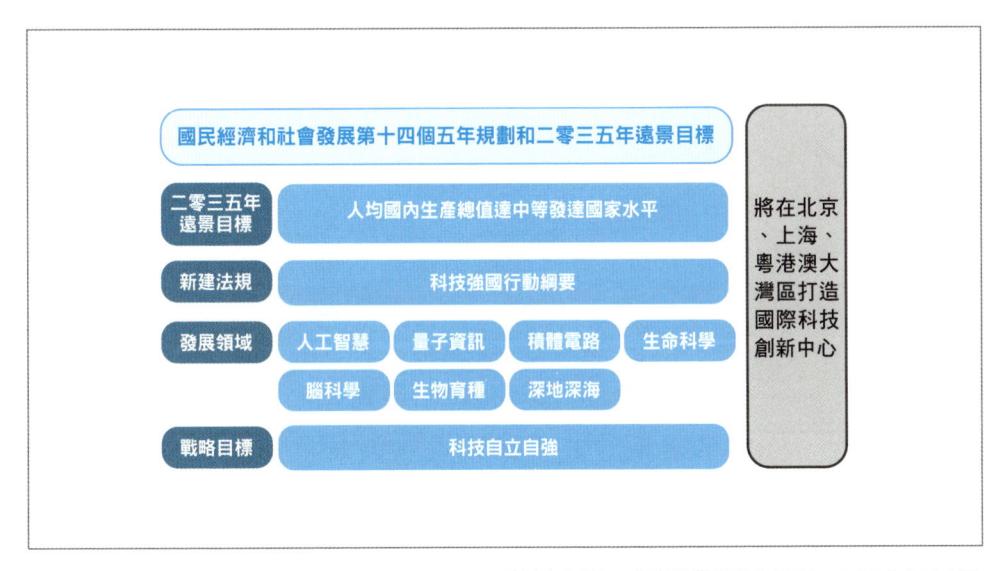

國民經濟和社會發展第十四個五年規劃和二零三五年遠景目標

二零三五年遠景目標	人均國內生產總值達中等發達國家水平
新建法規	科技強國行動綱要
發展領域	人工智慧　量子資訊　積體電路　生命科學
	腦科學　生物育種　深地深海
戰略目標	科技自立自強

將在北京、上海、粵港澳大灣區打造國際科技創新中心

資料來源：銀藏產經研究室，2024 年 7 月

87 《中國製造 2025》半導體產業政策目標與支持

《中國製造 2025》主要著重在 IC 設計業矽智財（IP）與設計工具的取得，及核心通用晶片的開發能力，封裝測試業在高密度封裝與 3D IC 封裝技術及測試技術的掌握，整個政策目的即在於關鍵半導體元件具供貨能力。

透過《中國製造 2025》對核心基礎零組件、先進基礎工藝、關鍵基礎材料、產業基礎技術（四基）的政策目標，對應到半導體產業鏈進一步分析，在 IC 設計部分，至 2020 年中國大陸 IC 內需市場自製率將達 40%，2025 年將更進一步提高至 70%。

為滿足提升自製率政策目標，對 IC 製造產業而言，中國大陸也將會支持晶圓代工與封裝測試業者於產能上的擴充，對半導體設備與材料業而言，則將以提高設備與材料供貨能力為目標。至於 IP 與設計工具業，則以持續豐富矽智財與設計工具為政策目標。

《中國製造 2025》重點領域技術路線圖對 IC 製造產業的規劃，產能擴充與先進製程的發展是最重要兩大政策目標，其中，在產能擴充上，全中國大陸晶圓代工月產能規劃由 2015 年 70 萬片 12 吋晶圓擴充至 2025 年 100 萬片 12 吋晶圓，2030 年月產能將更進一步擴充至 150 萬片 12 吋晶圓。在先進製程發展上，中國大陸晶圓代工產業將以 2025 年 14 奈米製程導入量產為目標。

中國大陸 IC 製造產業的發展重點則鎖定新型態 3D 電晶體、次世代顯影技術，及超大尺寸晶圓為發展方向，目標則是希望於 2030 年中國大陸 IC 製造技術能力能與台積電、英特爾、三星電子等世界級大廠並駕齊驅。

另一方面，《中國製造 2025》最重要的政策目標為 2020 年中國大陸核心基礎零組件與關鍵基礎材料自製率將達 40%，2025 年將更進一步提升至 70%，以 2015 年中國大陸 IC 內需市場自製率尚不及 20% 觀察，十三五規畫期間，除晶圓代工與封裝測試產能必須大幅擴充外，

中國大陸 IC 設計企業於關鍵核心產品亦需投入更多研發。

對中國大陸 IC 產業，乃至電子產業而言，《中國製造 2025》最終政策目標即是希望打造如同南韓三星一樣，從半導體設備與材料、IC 設計與製造、電子零組件、終端產品都能加以整合的國際品牌大廠。

圖 87：《中國製造 2025》的中國大陸半導體產業政策目標與政策支持

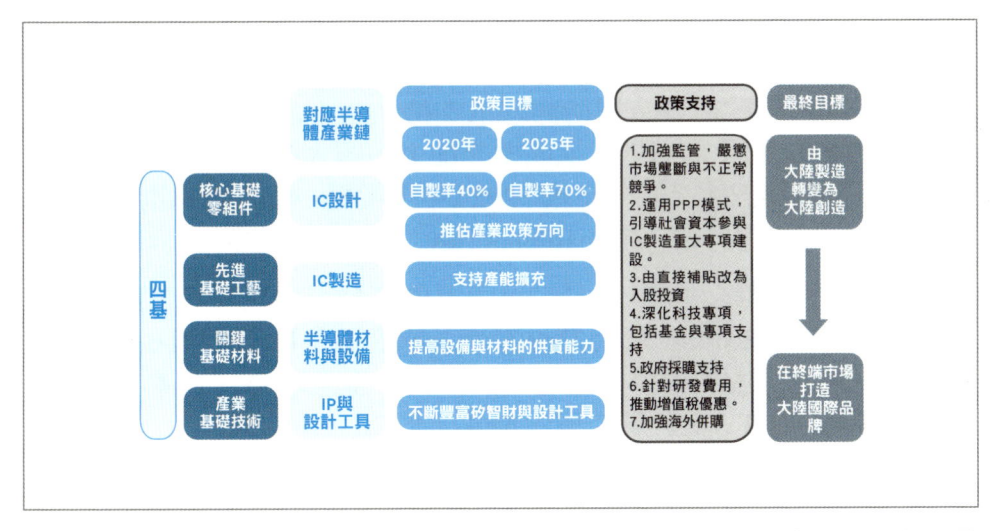

四基	對應半導體產業鏈	政策目標	政策支持	最終目標
核心基礎零組件	IC設計	2020年 自製率40% / 2025年 自製率70%	1.加強監管，嚴懲市場壟斷與不正常競爭。2.運用PPP模式，引導社會資本參與IC製造重大專項建設。3.由直接補貼改為入股投資。4.深化科技專項，包括基金與專項支持。5.政府採購支持。6.針對研發費用，推動增值稅優惠。7.加強海外併購	由大陸製造轉變為大陸創造 ↓ 在終端市場打造大陸國際品牌
先進基礎工藝	IC製造	支持產能擴充		
關鍵基礎材料	半導體材料與設備	提高設備與材料的供貨能力		
產業基礎技術	IP與設計工具	不斷豐富矽智財與設計工具		

資料來源：銀藏產經研究室，2024 年 7 月

88 美中晶片戰圍堵 中國大陸 IC 產業遇亂流

2015 年與 2020 年中國大陸 IC 產業產值分別為 580 億美元（約人民幣 3,612 億元）與 1,460 億美元（約人民幣 10,074 億元），皆達成政策目標。

進一步檢視中國大陸半導體產業表現，中芯國際自 2000 年成立以來，在中國大陸政府資金補助與政策支持下，不僅在北京、上海、深圳建立 12 吋晶圓生產基地，產能擴充加上中國大陸內需市場推動，營收規模擠全球第五大晶圓代工廠，2024 年上半更一舉超過聯電（UMC，2303.TW）與格羅方德（GlobalFoundries），躍居全球第三。

在 IC 封裝測試領域，全球排名第五的江蘇長電在大基金資金挹注下以小吃大，於 2014 年 12 月購併當時全球第四大 IC 封測廠星科金朋，讓江蘇長電的營收規模排名超越矽品，提升至全球第三，僅次於日月光（ASE，3711.TW）與艾克爾（Amkor）。

華為旗下的海思於 2020 年前曾躋身於全球前 10 大 IC 設計公司，當時在 5G 手機晶片設計能力的水準與高通（Qualcomm）及聯發科（MediaTek，2454.TW）相較有過之而無不及，也曾是台積電（TSMC，2330.TW）前五大客戶之一。然而，在美中晶片戰爭的圍堵下，讓海思在全球 IC 設計產業舞台沈寂一段時間。然而，2023 年華為推出當年新款智慧型手機 Meta 60 以來，不難察覺華為重返 IC 設計產業強權之態勢。

圖 88：2010 ～ 2023 中國大陸 IC 產值變化

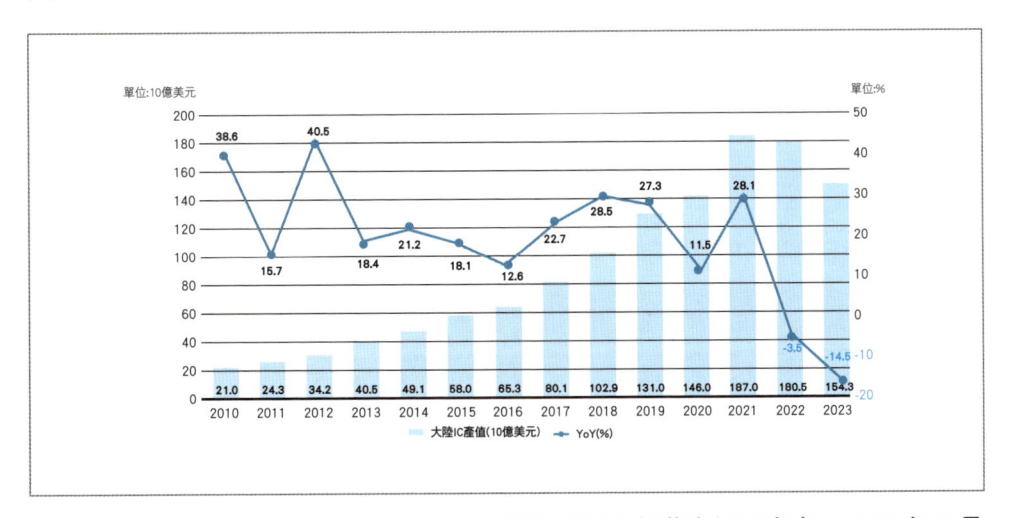

年度	2010	2011	2012	2013	2014	2015	2016	2017	2018	2019	2020	2021	2022	2023
大陸IC產值(10億美元)	21.0	24.3	34.2	40.5	49.1	58.0	65.3	80.1	102.9	131.0	146.0	187.0	180.5	154.3
YoY(%)	38.6	15.7	40.5	18.4	21.2	18.1	12.6	22.7	28.5	27.3	11.5	28.1	-3.5	-14.5

資料來源：銀藏產經研究室，2024 年 7 月

Chap.09

結語～掌握未來商機，就要搞懂半導體產業

作者：柴煥欣

2019年美中貿易戰升溫，加上新冠疫情肆虐，造成全球晶片危機、電子產業斷鏈，各國政府都希望自己國內可以擁有IC製造的先進製程產能，使台積電成為許多國家兵家必爭之地。2023年下半全球掀起一波人工智慧浪潮，全球算力需求激增，包括輝達、台積電股價頻創新高，讓半導體產業成為華爾街顯學。因此，要掌握世界大勢與未來商機，你必須搞懂半導體產業。

n　　　　d　　　　u　　　　c　　　　t　　　　o　　　　r

89　IC 封裝技術演進

　　隨摩爾定律速度放緩，晶圓代工製程技術世代升級的時間由原來 18 個月拉長至 24 個月，甚至 30 個月。為滿足 IC 設計及系統端客戶即時上市（Time to Market）需求，加上人工智慧（AI）市場興起後，對晶片算力的需求亦大幅提升，使得後段 IC 封裝技術成為顯學，也讓 IC 製造業投入更多研發資源，加快 IC 封裝技術推進。

　　若是由 IC 封裝基材角度進行觀察，由採用金屬材料、靠引腳傳輸信號的導線架封裝，進化至以銅箔、樹脂基板為材料，並以錫球陣列替代傳統金屬導線架引腳與印刷電路板連接的 IC 載板封裝。

　　之後，隨著 IC 產品效能提升的要求，台積電（TSMC，2330.TW）於 2011 年下半推出在晶片與基板間插入矽中介層的矽穿孔（TSV）2.5D CoWoS 封裝技術，該技術不僅大幅提升 IC 效能，亦實現高密度異質整合封裝。未來則將朝向沒有矽中介層，改以多顆不同電路晶片垂直堆疊，並採矽穿孔技術加以連結的 TSV 3D IC 封裝技術。

　　若是由 IC 封裝架構角度來看，由最傳統的單晶片、低腳數的導線架封裝，演進到載板底部以焊接方式植入許多錫球做為載板與印刷電路板連結的球閘陣列封裝與覆晶封裝；接著發展為將多顆晶片垂直堆疊，並以打線方式連結的系統級封裝（SiP）與層疊封裝（PoP）技術。在高整合、高效能、低功耗的技術要求下，IC 封裝則朝向採矽穿孔技術的 2.5D／3D 封裝方向發展。

　　無論是晶圓代工或 IC 封裝，半導體產品除朝 IC 高效能、小尺寸方向技術發展外，面對 IC 設計或系統端客戶的要求，低成本亦是另一項非常重要的技術發展方向。因此，晶圓代工透過製程微縮技術，在相同面積晶圓能生產出最多顆晶片的方式降低單顆晶片成本，IC 封裝則透過封裝材料與封裝技術的改變，提供最佳性價比的 IC 封裝服務。

圖 89-1：IC 封裝技術演進

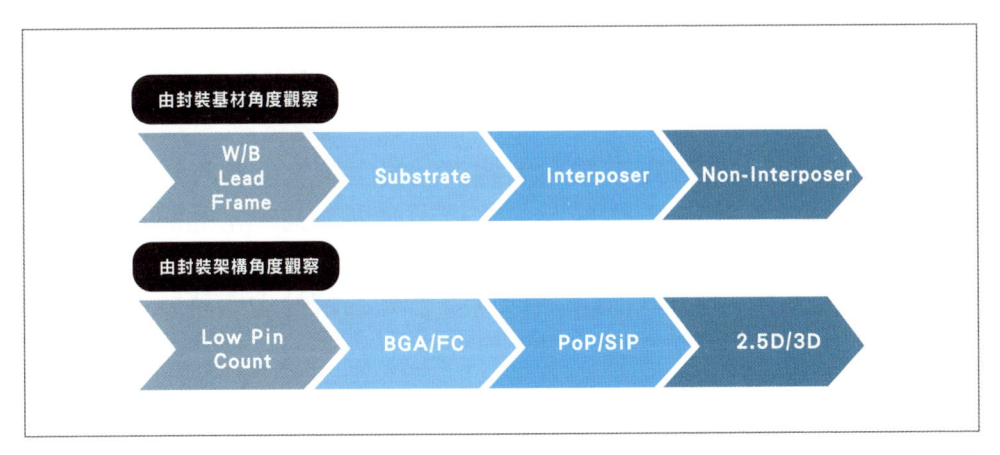

由封裝基材角度觀察
W/B Lead Frame → Substrate → Interposer → Non-Interposer

由封裝架構角度觀察
Low Pin Count → BGA/FC → PoP/SiP → 2.5D/3D

資料來源：銀藏產經研究室，2024 年 7 月

圖 89-2：半導體技術發展方向

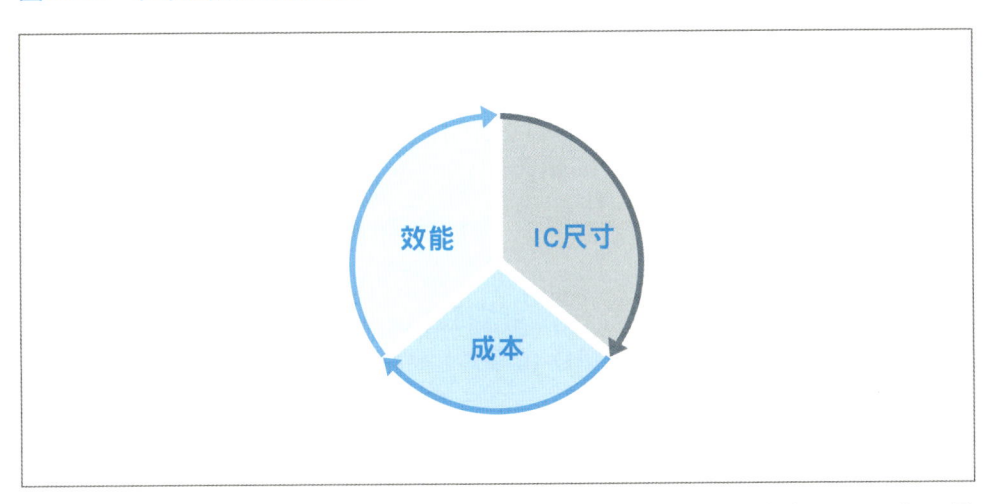

效能、IC尺寸、成本

資料來源：銀藏產經研究室，2024 年 7 月

90 More Moore & More than Moore 3D×3D 為技術發展必然趨勢

從晶圓代工製程技術發展角度觀察，為了讓微縮製程技術得以順利推進，電晶體結構的改變成為必然技術發展方向。電晶體結構從微米時代的 2D 平面型態的金屬氧化物半導體場效電晶體（MOSFET）一路微縮，至 28 奈米製程則進化至 2D 型態的高電介金屬閘極（High-K Metal Gate；HKMG）。

著眼於能順利進入 16／14 奈米製程，電晶體結構進入 3D 電晶體結構時代，推出鰭式場效電晶體（FinFET）。到了 3 奈米製程，南韓三星（Samsung Electronics）首次導入全環閘極（GAA）電晶體結構。未來進入埃米世代，晶片大廠亦將導入全新的互補式場效電晶體（CFET）結構。

由 IC 封裝技術發展角度觀察，除追求高密度異質整合的技術目標外，透過後段 IC 封裝技術演進讓 IC 效能顯著提升，IC 封裝技術由最傳統的導線架封裝與載板封裝的 2D 封裝技術演進為仰賴重分佈線層（RDL）薄膜技術將多顆晶片加以連結的 2.1D 封裝技術。

在兼顧異質整合與效能提升的技術目標下，台積電（TSMC，2330.TW）導入以矽中介層連結晶片與載板的 2.5D CoWoS 封裝技術，未來則將導入將多顆不同種類、不同製程晶片垂直堆疊，並透過矽穿孔（TSV）技術加以整合的 3D IC 封裝，以達到高整合、高效能、低功耗等技術目標。

綜合前段晶圓代工與後段 IC 封裝技術發展方向，未來半導體將會朝向電晶體 3D 化與封裝 3D 化的方向發展，透過 3D×3D 技術發展，讓單顆 IC 達到系統規模且高度異質整合、More Moore & More than Moore 的技術目標。

圖 90：More Moore & More than Moore 3D×3D 為技術發展必然趨勢

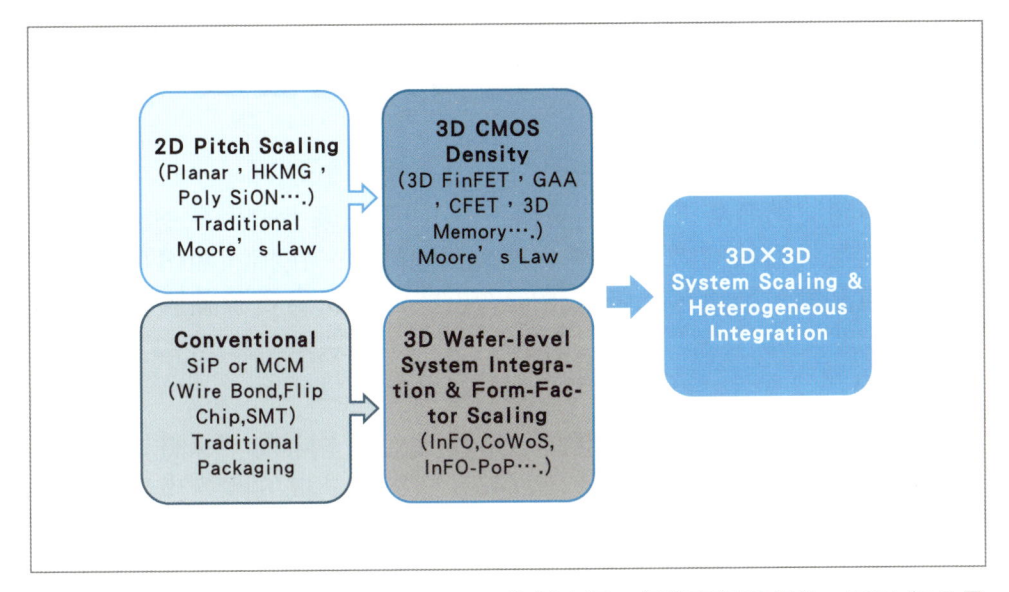

```
┌─────────────────┐    ┌─────────────────┐
│ 2D Pitch Scaling│    │ 3D CMOS         │
│ (Planar, HKMG,  │    │ Density         │
│ Poly SiON....)  │───▶│ (3D FinFET, GAA │
│ Traditional     │    │ , CFET, 3D      │         ┌─────────────────┐
│ Moore's Law     │    │ Memory....)     │         │                 │
└─────────────────┘    │ Moore's Law     │         │   3D×3D         │
                       └─────────────────┘────────▶│ System Scaling &│
┌─────────────────┐    ┌─────────────────┐         │ Heterogeneous   │
│ Conventional    │    │ 3D Wafer-level  │         │ Integration     │
│ SiP or MCM      │    │ System Integra- │         │                 │
│ (Wire Bond,Flip │───▶│ tion & Form-Fac-│         └─────────────────┘
│ Chip,SMT)       │    │ tor Scaling     │
│ Traditional     │    │ (InFO,CoWoS,    │
│ Packaging       │    │ InFO-PoP....)   │
└─────────────────┘    └─────────────────┘
```

資料來源：銀藏產經研究室，2024 年 7 月

91 前段加後段 半導體朝高整合方向發展

在 IC 設計與系統端客戶要求下，高效能、低功耗、小尺寸、低成本為半導體技術發展方向，晶圓代工等 IC 製造業者透過微縮製程技術向前推進是最直接有效的途徑；透過製程微縮，在相同面積可以容納最多的電晶體。所以，晶圓代工業者投入大量研發資源讓製程技術從微米世代進入 90 奈米、65／55 奈米、45／40 奈米、28／22 奈米⋯，至 2025 年的 2 奈米，不久的未來也將進入埃米世代。

為能讓製程技術能向前推進，晶圓代工業者除在半導體材料投入研發，由原本矽改變為矽鍺化合物外，電晶體結構的改變也是重要途徑。由最原始的金屬氧化物半導體場效電晶體（MOSFET）至 28 奈米製程的高電介金屬閘極（High-K Metal Gate；HKMG）。為能順利進入 16／14 奈米製程，電晶體結構改變為鰭式場效電晶體（FinFET）。到了 3 奈米與 2 奈米製程，電晶體結構改變為「全環閘極」（Gate All Around；GAA）。未來進入埃米世代，電晶體結構將改變為互補式場效電晶體（Complementary FET；CFET）。

另外，半導體設備廠商在製程推進也扮演重要角色，在 40 奈米製程以前，晶圓代工業者都是採用乾式蝕刻設備，到了 40 奈米製程則改採用濕式蝕刻設備。進入 7 奈米製程，開始導入極紫外光（EUV）曝光機。未來進入埃米世代，則將升級至高孔徑極紫外光（High NA EUV）曝光機。在技術研發多管齊下的推動下，單晶片的電晶體數量由 28 奈米世代的 70 億顆倍增至 16／12 奈米世代的 150 億顆，至 7 奈米製程世代，單晶片的電晶體數量增加至 1,000 億顆。

除透過前段製程微縮製程發展外，若再搭配後段異質整合先進 IC 封裝技術，則能將單顆 IC 所能容納的電晶體數量倍增。以台積電 CoWoS（Chip on Wafer on Substrate）技術為例，16／12 奈米世代，CoWoS 結構是由一顆邏輯晶片與四顆高頻寬記憶體（High Bandwidth Memory；HBM）組成，電晶體數量可達 1,500 億顆，是 16／12 奈米世代單晶片的 150 億顆的 10 倍。至 7 奈米世代，CoWoS 結構進化至

由六顆邏輯晶片與六顆 HBM 組成，甚至八顆邏輯晶片與八顆 HBM 組成，單顆 IC 的電晶體數量可超過 5,000 億顆電晶體。

圖 91：前段加後段　半導體朝高整合方向發展

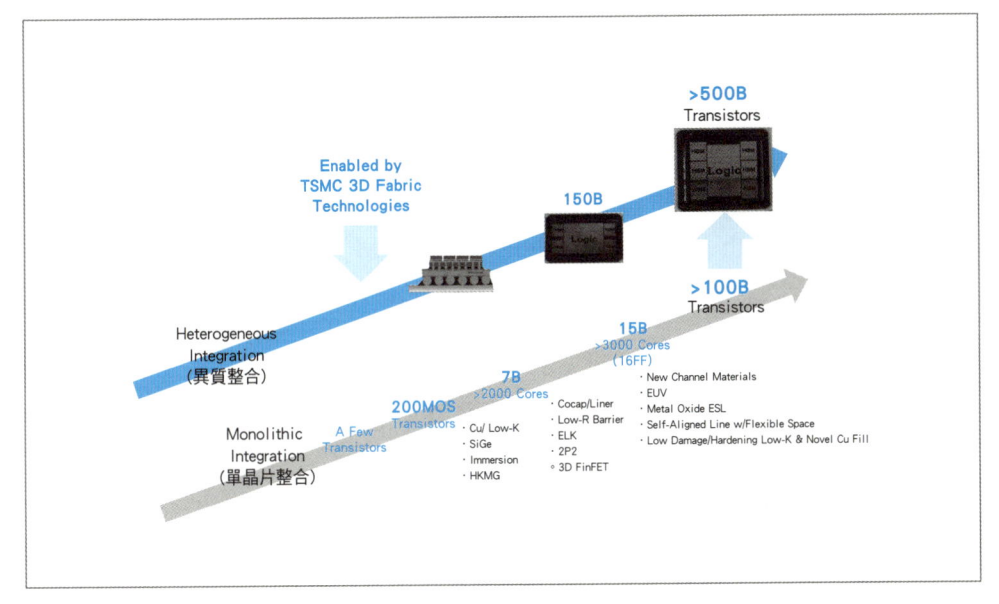

資料來源：銀藏產經研究室，2024 年 7 月

92 人工智慧高整合、高效能運算平台

2023年下半全球掀起人工智慧（AI）浪潮，對於算力的需求呈現等比級數增加，除透過摩爾定律讓微縮製程技術持續向前推進，以提升晶片效能外，實現後段高密度異質整合先進IC封裝技術亦是重要發展方向。

以超微（AMD）AI核心運算解決方案MI300為例，是由八顆高頻寬記憶體（High Bandwidth Memory；HBM）與八顆GPU，加上二顆CPU所封裝而成。其中，每顆HBM是由八顆GDDR6晶片垂直堆疊透過矽穿孔（TSV）技術同質整合封裝而成；再將八顆HBM與八顆GPU水平排放，透過台積電（TSMC，2330.TW）CoWoS先進封裝技術加以整合；最後，將二顆CPU垂直堆疊在GPU之上，透過台積電整合晶片系統（SoIC）技術加以整合而成。

然而，除了TSV、CoWoS、SoIC這些封裝技術外，要達成高密度異質整合IC封裝技術目標，還需要如分析軟體工具（EMIR）、提升矽穿孔密度、矽中介層佈局、微凸塊封裝、金屬層…等多項更細部技術配合及研發才能夠完成。

有鑑於技術日益複雜，加上需要封裝的半導體元件種類數量增加，台積電為開發異質整合先進IC封裝技術所組成的3D Fabric聯盟成員才由原本的矽智財（IP）、電子設計自動化（EDA）、設計中心聯盟（Design Center Alliance；DCA）、價值鏈聚合（Value Chain Aggregator；VCA）等較偏向半導體最前端IC設計上游相關領域業者，擴大到記憶體（Memory）、載板（Substrate）、IC測試（Testing）、半導體專業封測代工（Outsourced Semiconductor Assembly and Test；OSAT）等相關領域業者，目的就是希望透過結合前後段不同夥伴導入生態系，加速先進3D IC封裝設計。

為滿足AI效能進一步提升的技術需求，除持續投入算力的研發外，訊號傳輸效率提升也是現階段技術發展的重要方向。因此，不僅將CPU、GPU、HBM整合在一起，未來還會將矽光子的光學引擎透過

先進封裝技術整合在其中，提升電子訊號轉換成光子的效能，透過光纖電纜傳輸訊號，讓 AI 效能獲得進一步提升。

圖 92：人工智慧高整合高效能運算平台

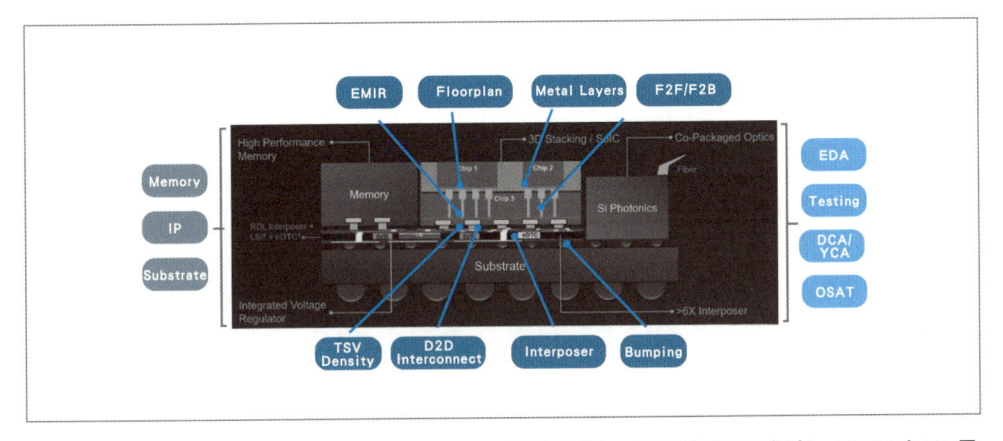

資料來源：銀藏產經研究室，2024 年 7 月

93 中美貿易戰下台灣半導體業者因應策略

2021年，拜登就任美國總統以來，不僅頒布晶片法案企圖讓美國重回全球半導體產業霸主地位，透過籌組Chip-4、出口管制、投資管制、技術管制等多重措施對中國大陸半導體產業進行圍堵，美中晶片戰爭快速升溫。

面對美國來勢洶洶的打壓，中國大陸政府除依照十四五規畫政策目標加速自主研發能力與提升內需市場自製率外，也相繼設立大基金第二期及第三期，針對半導體設備及材料、EDA、記憶體等技術弱項進行扶持與資金補貼，以減少關鍵技術被卡住的不利影響。中國大陸政府加速培育半導體相關人才，並以重金高薪挖角海外人才。此外，中國大陸透過稀土與稀有金屬出口管制對美國進行反制。

台灣在全球半導體產業具有舉足輕重地位，然而，夾在美中兩大強權中間，地緣政治壓力有增無減，迫使台積電（TSMC，2330.TW）必須進行全球布局。面對競爭日益激烈的晶片戰爭，台灣半導體產業的發展策略又該朝什麼方向發展？

美國、歐盟、日本、南韓相繼推出自家晶片法案，希望透過資金補貼等多項措施吸引如台積電、英特爾（Intel）等IC製造大廠前來設廠，或是藉此強化自家半導體產業發展。

台灣先於2024年4月《產業創新條例》提出修正案（台版晶片法案），針對購買設備與研發技術支出進行部分租稅減免，惟適用對象門檻相當高，受惠企業屈指可數。其後，政府先後公佈《IC設計攻頂補助計劃》與《驅動國內IC設計業者先進發展補助計畫》，針對7奈米及其以下先進製程、異質整合先進封裝、EDA、矽智財等研發進行補助。

台灣應可師法日、韓等國，將半導體產業定為國家戰略級產業，並對整個半導體產業鏈進行檢視，掌握其優勢與技術弱項，如此才能訂出正確產業政策目標與政策扶持方向，提升科技人才培育，藉以強

化台灣半導體產業韌性。台灣不能只靠台積電一家「護國神山」，而是透過健全整個半導體產業，打造出「護國群山」。

圖 93：中美貿易戰下台灣半導體業者因應策略

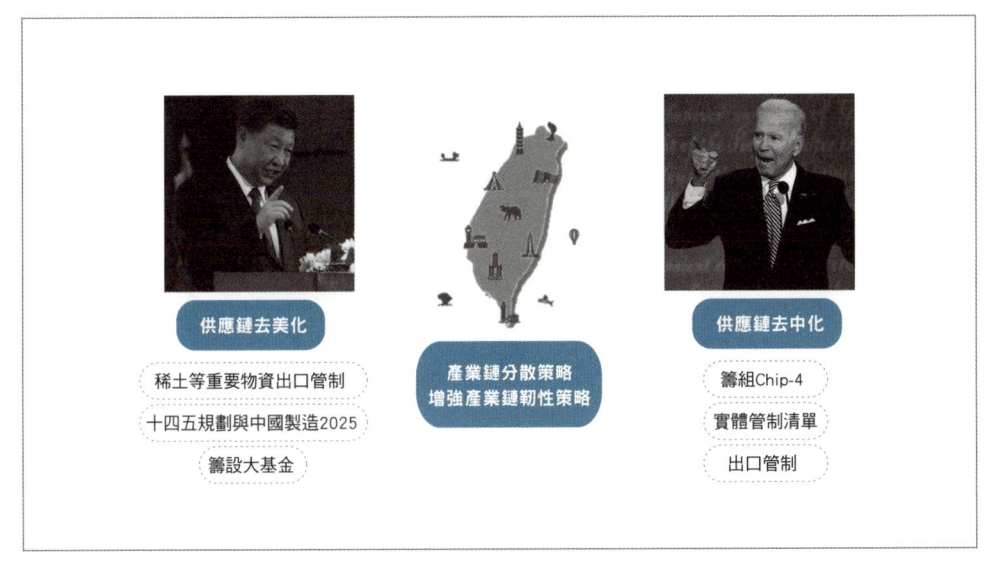

供應鏈去美化
- 稀土等重要物資出口管制
- 十四五規劃與中國製造2025
- 籌設大基金

產業鏈分散策略
增強產業鏈韌性策略

供應鏈去中化
- 籌組Chip-4
- 實體管制清單
- 出口管制

資料來源：銀藏產經研究室，2024 年 7 月

94 中國半導體產業發展雖受阻 實力仍不容忽視

　　檢視美中晶片戰爭期間中國大陸半導體產業發展，先從IC設計產業觀察，即使面對美國政府打壓，大陸IC設計業者家數從2020年2,218家逐年攀升至2023年3,451家，IC設計產值更由2020年人民幣3,819億元逐年成長至2023年5,774億元。2023年華為所推出Meta 60 Pro智慧型手機中所搭載5G手機晶片麒麟9000s，是旗下華為海思所設計，採中芯國際7奈米製程。2024年10月小米也設計出3奈米製程5G手機晶片，顯示其IC設計能力直追國際級大廠。

　　從2024年上半全球晶圓代工產業營收排名觀察，中芯國際、華虹集團、合肥晶合等三家中系晶圓代工廠都躋身全球前10大名單之中。其中，至2023年底止，中芯國際長期居於全球第五大的位置，但2024年上半卻擠下聯電（UMC，2303.TW）與格羅方德（GlobalFoundries），晉升為全球第三大晶圓代工廠，原因除在中國大陸政府資金支持下，持續擴充產能外，2022年上半也突破美國技術封鎖，用DUV曝光機採多重顯影技術，跨入7奈米製程量產技術領域。

　　為有效壓抑中國大陸半導體產業發展，美國也針對其關鍵技術的弱點，包括晶圓代工關鍵設備曝光機與IC設計工具EDA等進行出口管制。其中，在EDA方面，美系EDA廠商在中國大陸市占率超過90％，中國大陸本土EDA廠商市占則低於1％，但在大陸政府包括資金及人力資源等政策支持下，2023年大陸本土EDA廠商在當地的市占率攀升至6％。

　　在曝光機技術發展方面，2020年前大陸曝光機技術僅達90奈米，至2024年10月大陸曝光機技術則向前推進一個世代，達65到55奈米製程，雖與荷蘭曝光機大廠艾司摩爾（ASML）最新世代的高孔徑極紫外光（High-NA EUV）曝光機設備技術水準差距至少八個世代以上，但自主技術持續進步中。

　　美中晶片戰爭雖讓中國大陸在AI及5G市場發展受到阻礙，也有效壓制大陸半導體產業技術發展速度，但在政策支持下，也加速大陸

本土半導體企業自主研發的速度與自給率的提升，未來發展實力仍不容忽視。

圖 94：中國半導體產業發展雖受阻　但實力仍不容忽視

2017-2023年中國大陸IC設計產業產值及業者家數(單位：百萬美元)

年份	業者家數(家)	產值(人民幣億元)
2017	1,380	1,946
2018	1,698	2,577
2019	1,780	3,085
2020	2,218	3,819
2021	2,810	4,587
2022	3,243	5,346
2023	3,451	5,774

排名	2023 公司	營收	市占(%)	1H24 公司	營收	市占(%)
1	TSMC	69,300	62	TSMC	39,666	62
2	Samsung	13,300	12	Samsung	7,190	11
3	GF	7,392	7	SMIC	3,651	6
4	UMC	7,145	6	UMC	3,493	5
5	SMIC	6,320	6	GF	3,181	5
6	HH Grace	3,113	3	HH Grace	1,381	2
7	Tower	1,423	1.3	Tower	678	1
8	PSMC	1,297	1.2	VIS	648	1
9	VIS	1,229	1.1	PSMC	636	1
10	Nexchip	1,021	0.9	Nexchip	610	1

資料來源：銀藏產經研究室，2024 年 7 月

台灣廣廈 國際出版集團
Taiwan Mansion International Group

國家圖書館出版品預行編目(CIP)資料

100張圖搞懂半導體產業鏈：從技術面到政治面，讓你徹底了解領航世界的關鍵產業！/李洵穎、柴煥欣 著，
-- 初版. -- 新北市：財經傳訊, 2024.12
    面；   公分. --（through;28）
ISBN 978-626-7197-70-7（平裝）
1.CST: 半導體工業 2.CST: 產業關聯

484.51   113009064

財經傳訊
TIME & MONEY

100張圖搞懂半導體產業鏈：
從技術面到政治面，讓你徹底了解領航世界的關鍵產業！

作　　者／李洵穎、柴煥欣　　　　編輯中心／第五編輯室
　　　　　　　　　　　　　　　　編 輯 長／方宗廉
　　　　　　　　　　　　　　　　企劃統籌／李洵穎
　　　　　　　　　　　　　　　　責任編輯／李洵穎
　　　　　　　　　　　　　　　　封面設計／陳沛涓
　　　　　　　　　　　　　　　　製版‧印刷‧裝訂／東豪‧弼聖‧秉成

行企研發中心總監／陳冠蒨　　　　線上學習中心總監／陳冠蒨
媒體公關組／陳柔彣　　　　　　　企製開發組／張哲剛
綜合業務組／何欣穎

發 行 人／江媛珍
法律顧問／第一國際法律事務所 余淑杏律師‧北辰著作權事務所 蕭雄淋律師
出　　版／台灣廣廈有聲圖書有限公司
　　　　　地址：新北市235中和區中山路二段359巷7號2樓
　　　　　電話：（886）2-2225-5777‧傳真：（886）2-2225-8052

代理印務‧全球總經銷／知遠文化事業有限公司
　　　　　　　　　　　地址：新北市222深坑區北深路三段155巷25號5樓
　　　　　　　　　　　電話：（886）2-2664-8800‧傳真：（886）2-2664-8801
郵政劃撥／劃撥帳號：18836722
　　　　　劃撥戶名：知遠文化事業有限公司（※單次購書金額未達1000元，請另付70元郵資。）

■出版日期：2024年12月　　■初版2刷：2025年4月
ISBN：978-626-7197-70-7
版權所有，未經同意不得重製、轉載、翻印。

NOTE

NOTE